PLANT MORE PLANTS

綠境

以四季為起點的觀葉養護日常

Yuty 著・攝　｜　Christ 攝

suncolor
三采文化

推 薦 序

FOREWORD

　　兩百年前，植物獵人踏上十九世紀顛簸的甲板，隨著華德箱跨越大洋的熱帶風景啟始，直到如今洲際往來，將國界解構為比我們隔窗遙望的天際線，更接近的存在。

　　當我們朦朧睜開睡眼，陽光透窗折射蔓綠絨葉尖堪堪滴落的水珠，安地斯山的夜露跨越赤道，在北半球早晨的此刻隱隱生光；奠基於我們生命中，本能的親自然性，無論體現在門外屋內的鳥鳴犬吠中，或是本書的主角，居家植物上，都是我們作為一單獨的生命體，又迫切渴望和之外的萬物締造某種連結的，原初的追尋；而這是一種異中求同的過程，即使在隨處可見的，育種歷史可溯及十九世紀的火鶴花園藝種，雖則經過百年的選拔，當它們長時間處於室內時，皺縮的新葉和短小的氣根，都隱隱暗示著它來自雲霧林帶的血統；由此，在家庭環境中栽培植物，是一種觀察力，和背景知識並重的，在營造與自然間，取得折衷的嗜好；總的來說，除了因應不同的居家環境，選擇相應的種類適地適種外，針對我們想經營的方向，從栽培中得到何種滿足，也根本上影響植栽的選擇。

　　近年來，由於觀葉植物風潮的興起，家居栽培的問題也相較過往更為凸顯，誠然，室外溫室花圃更為直觀，然而基於我們的親自然性，以及植物的裝飾性，於是，無論一盞立燈或一方玻璃缸，都可以讓植物在我們的床頭窗邊，宅院深處，掩映成景。

　　於是，雖無半山雲夢，卻是一窗綠影徘徊。

——植物分類研究者 林哲緯

前　言
INTRODUCTION

　　最開始有意識的接觸植物，是在幼年的暑假跟著哥哥在樹林間採集（他抓蟲我則在旁邊採挖覺得漂亮的植物）。比起昆蟲，植物對於幼年的我來說安全得多，咸豐草、酢漿草、孤挺花、牽牛花……種類繁多，挖出來後就不由分說地塞進我喜歡的容器（通常是統一布丁的盒子，花的形狀讓小女生特別偏愛）帶回家放在房間種。但是花朵通常都開不過三天就會凋謝，還是孩子的我就判定它應該是死了，我不應該這樣移動它，這種生死衝擊讓我對種植有所怯步。而後來的經驗中，除了一些可食植物外，幾乎也是在期望跟失落間不斷的來回折返，並慢慢將它們視為消耗品……直到伴侶給了一棵具有紀念性的觀葉植物佈置家裡，因為意義非凡，將之視為家裡一份子的心態這才真的讓我開啟了植物世界大門。

　　為了養好它，踏訪了不少地方，跟許多同好、專家們交流，當然也拿起各種有關植物的書籍研讀。過程中我覺得最可貴的是人們對植物觀察的經驗角度，畢竟植物的生長過程很細膩，不是每個階段都能找到學術文章解答。而且就現今的科技、社會、生活形態，要能將專注力移到大自然是需要被引導的。現代人很難想像在野外生活的祖先們是用植物找尋水源、用年輪判斷方位方向、用植物的種類判斷該地雨量做為稼作選用的依歸。在跟幾位與植物相伴多年的前輩交流時，我最喜歡聽的也是他們對於季節轉化時植物成長的發現。我想，只要靜下心來觀察，許多疑惑都是能迎刃而解的，終歸莊子那句：「天地有大美而不言，四時有明法而不議，萬物有成理而不說。」那番頓悟。

　　回到本書的內容，室內植栽的佈置跟庭院造景最為不同的，就是要在原生環境跟自身生活空間達到平衡，自外的師法自然到入室的生活理解，這些都不離「觀察」，而這本書就是以我所居住的所在地（台北的山區）描述我一整年與植物的生活，時間軸以節氣中的夏至、秋分、冬至、春分來分為主章節，自室外而入內講述自然與生活的平衡方式，並以當季節正值盛產的植栽品種做佈置提案。

—Yuty

目　錄
C O N T E N T S

TUTORIALS 養護教學

TOOLS 輔助設備

CHAPTER 1
SUMMER

繁 | 夏至

01

光 × 葉綠素 × 光合作用

在端午濕暖的季節過後，六月下旬正式進入夏至。北部迎來每天都是高溫熱浪的日子，是我一年當中最疲於照顧植物的時節，此期間的日照時間是全年度最長、往往也是最晒的時候，植物的長勢、需求以及病蟲害頻率都是達到整年的巔峰，放在戶外的植物幾乎不能超過兩天都不關照，是個非常不宜遠遊離開植物的季節。

在還未到氣溫最熱前，我要盡快抵達於山頂的工作室。從半山腰的家裡出發過去大概五分鐘的車程，蜿蜒的山路上是綠茵與陽光交疊的光斑之路，都說好天氣可以改善心情，在夏季時只要不被晒過頭，確實也是我自覺體力與精神力都很充盈的時候。事實上這些正向反應都是因陽光能協助生物體內各項營養要素的合成，這是地球上多數生命體的必然演化。而比人類更早在世上的植物更是如此，在植物界裡只有極其稀少的植物完全不需要光的，凡是肉眼可見帶有綠色的部位，如葉、莖、花，都存在著我們熟知的葉綠素，這個小小的分子時刻分析色光的組成，如同印象派莫內（Claude Monet，1840-1926）的

《乾草堆》系列畫作，看似誇張光影色彩變化，其實是很有條理的在拆解紅、橙、黃、綠、藍、靛、紫的組成。對葉綠體來說，光譜上所有的顏色其實都意味著不同的利用率，它能夠感應生長環境中光質、光強、光照時間長短和方向的微妙變化，啟動在這個環境中生存所必需的生理和形態結構的變化。

在光線不足的原生地環境裡，植物在萬年的演化下發展成可以適應不同光線狀態的特徵。比如觀葉中常見的竹芋、觀音蓮或秋海棠等等。

部分品種會在葉背呈現紅色或深紫色，這就好比如說穿上黑衣服一樣，深色葉背能將吸收不完全的光重新反射回葉肉上，藉此更有效的利用各種光波，也可由此推導出能更適應光不足的環境。而另外還有擁有景天酸代謝（Crassulacean acid metabolism，簡稱CAM）的植物，這樣的機制不單只存在於特定物種，而是橫跨多個科屬……從仙人掌、鳳梨到蘭科都存在，在水分缺稀或是季節日照時長差異極大

部分竹芋的葉背會呈現紫色，
為的是更有效的吸收光能。

時，所演化出能承受更艱苦環境的機制。這類植物在極微弱的燈光下也能緩慢進行光合作用，以最低消耗的方式存活，在植物界裡是一種很高端的進化特徵，當然也是我推薦給身邊還沒開始養植物的朋友入坑的首選，期待他們食髓知味的跟我一起步入養殖的生活。

對比於個體上有缺陷的狀態——斑葉，這類葉子因為缺乏葉綠體，導致吸收效能不佳，這樣特徵的成因很多，有人為也有非人為，就欣賞角度與獵奇心態來看，這類的植物在近年的熱潮下極受歡迎，但不論這些斑紋的成因是甚麼，其葉片損耗都會比同種無斑的全綠葉快很多，畢竟沒葉綠素的部位對植物本身來說是身上較沒有

用的存在，在自身環境不佳時它們會優先汰換這些部位而呈現焦黑狀。為了避免此情況發生，往往需投入更多的心力去照養，若不幸一連好幾片葉子都出現全白的狀態，該植物恐怕離世不遠了，由此可見葉綠素對植物健康的重要，曾經有科學家對比人類的紅血球與葉綠素的結構，發現極為相近，不同的只有動力來源與乘載物質而已，換句話說，植物之於光線的需求有如人類需要空氣，我們與植物之間其實比想像中相似。

車子即將要抵達工作室，經過路邊的欒樹林，林間的葉色已不同於春季的新葉嫩透，而是密不透光的厚實，深濃的綠色提醒著我「這就是光合作用全啟的狀態」。

白斑植物在養照上需要花更多心力，
否則白色區塊很容易代謝焦黑。

斑葉植物的斑紋會受到環境影響，
每一片的紋路與斑色均不一樣。

具有景天酸代謝機制的綴化綠珊瑚大戟為了減少水
分散失葉子已經退化，轉而將水分處存在莖部。

光譜對植物的意涵

室內燈光跟植物燈最大的區別就在光譜的分配不同，以下詳述不同色區的光波對於植物的影響。傳統的植物燈會以三隻紅燈管配上一支藍燈管作為替代陽光的方式，但在自然界裡，整個太陽光譜色都具有其效用，我們先詳述最需要的紅、藍光：

紅→橙光

此區間的光線能促進莖的伸長，一般被用來進行催芽和促進花卉植物的生長，以達到開花的目的，商業上花農、果農也都是利用紅光比例多的植物燈去調控開花與果實成熟。最好的例子就是在傳統市場常見偏紅的水果攤色。

藍光

增加藍光的份額可以縮短植物的生長節間、降低相對生長速率和提高氮／碳（N／C）比率，有助於植物光合作用能促進綠葉生長，想獲得高大植株和大量種子，必須補充適量的藍光。

其他次要光譜色黃、綠與紫外線光的應用：

黃→綠光

是光譜中對植物影響較不顯著的區間，但它所帶來的影響是跟植物的避光性有關，可以使黑暗中生長的幼苗加速伸長，即促進莖伸長。而一些實驗中也顯示黃光可以抑制植物生長，進而促使開花、氣孔開放、莖生長等這類生長狀況的調節，所以即便影響在外顯上不顯著，但依舊有它存在的必要性。

紫光

紫外光因能量高，會對細胞產生傷害，許多生物此時就會產生色素來阻隔紫外光，例如人體多晒太陽，皮膚就會變黑，這就是防禦紫外線傷害的機制；植物則是產生花青素（Anthocyanin），就會讓植物變紅或產生斑紋，甚至讓葉面細胞增生，變厚變挺立。而紫外光能導致細胞生理功能失調，對莖葉的擴展抑制作用最強，進而達到抑制徒長與葉片增厚的效果。

然而因應原生環境的不同還有植物的生長狀況，對光的需求也不一，即使在室內長期使用植物燈，依舊比不上在外面太陽的能量，若有室外陽臺／露臺（有遮陰，勿直晒）空間，建議可以隔一陣子（兩週～兩個月）為對光需求較高的觀葉做室內、室外的輪調擺放。

即使室內植物有用植物燈照射，還是
建議每隔一段時間（兩週）稍作挪移
至有自然光不要直晒的位置。

photo by Yuty

軌道吊燈燈具用於中至大型的室內植物，市售可以買到帶繩的軌道燈座，可以DIY吊繩的長度（或去五金行請人幫忙），燈罩為中古骨董店購買。

植物燈──
室內人造光

目前市售植物燈品牌非常多樣，但因為植物燈屬於消耗品，選購時建議找大廠牌，在實際的流明、品管與使用年限都比較有保障。右圖為美國奇異（GE）的全光譜植物燈系列，其電壓與台灣的電壓相同，而中國及歐洲品牌則需使用220V的電壓，需要另外加裝增壓器。

植物燈形式有分單一燈泡及連燈帶燈具兩種，燈泡款的燈座均為國際標準尺寸E27，可以針對植物的擺放找尋適合的燈具，像是夾燈、檯燈、吊燈、軌道燈還有落地燈等都可以使用，自由度高。不過瓦數越高的燈具重量就越重，須留意燈具本身的重心還有燈罩大小；帶燈座的植物燈有帶插座的排燈款、也有軌道燈以及落地燈型，可以依照植物的大小、高度選擇，一般連燈具的植物燈瓦數普遍都有35W以上，價格往往也反映在單一燈座照明的範圍。

燈泡型植物燈燈座為國際標準尺寸E27適用於大部分燈具。

夾燈型的燈具適用在室內的層（書）架上，在使用的時候可以另外配置計時插座，並設定自動開啟於白日通電6～12小時（看品種），易於管理。

排燈型植物燈用於栽種面積大的區塊，但照明距離
較受限，一般都需要配上層架並依照品種的光照需
求安排上下擺設養殖。

02

午後雷陣雨 × 晒傷 × 真菌

時間大約是下午三點左右，上午還掛的老高的太陽如今已隱匿在烏雲的背後，白天炎熱溫度導致水氣在蒸發後產生對流，眼看溼度計上的數值不斷增高，我知道很快的要下起大雨了。在平時，我很喜歡這個時刻，因為一旦午後雷陣雨落下後，天氣就不再那麼悶熱，空氣也隨著水氣蒙上溫柔的藍色氤氳。雨不大的時候我就會利用雨水拿著毛巾幫戶外的大型蔓綠絨擦擦葉背，檢查一下有沒有病蟲害，一邊留意它們的長勢，可以從水珠的流向細看葉紋跟生長模式，雨林植物的葉緣通常特別流暢滑順、沒有鋸齒，因為它們試圖將雨水導入更好的方向，同時也防止積留的雨珠在雨後陽光照射變成一顆顆三稜鏡，形成葉面燒傷。

但今天顯然不同，預估錯誤的我一早才剛澆灌了許多水，急忙把會淋雨的盆栽拿到遮棚內避雨，畢竟這個季節過度潮濕的盆土是相當可怕的。很快地，雨已經落到跟前，空氣裡瀰漫一種奇特的味道，過去文學上說那是雨的味道……但事實卻不那麼浪漫，那其實是來自土裡無數種真菌散在

空中的味道，它們的孢子正透過水氣穿梭在整個環境裡，並隨著雨水再重新滲透進土壤中。同時間植物的根會去解析新落下的真菌組成，這個動作可以獲得資訊量非常驚人，像是附近有哪些物種？外側的土壤的肥沃程度？甚至植物間的「溝通」也是透過真菌完成的。

短暫的大雨過後，溫度又提高到了32度以上。這樣反覆輪迴的天氣，我估計明天應該可以在盆面上看到不少具有子實體的真菌──就是我們所知菇類，真菌的數量跟物種還會因為植物品系及季節變遷有所增長。舉例來說，發酵型真菌（有可利用基質時才活躍起來的土壤真菌）的數量在秋、冬季最多，而夏季則是土著型真菌（即菇類）的數量最多。這一連串的真相聽起來相當令人緊張，畢竟在人類世界中，我們對真菌的刻板印象多數是不好的，像是香港腳、皮癬、真菌性肺炎等感染等，以致於看到盆栽上出現菇類或是發霉的情況都會陷入焦急的情緒……但其實在食品加工用的人工菌種也都屬於真菌，如麵包、乳酸菌以及近年流行的康普

茶⋯⋯多不勝數，同樣在植物世界中，真菌於植物的關係也是具有雙面性的。甚至找不到哪個植物完全不需要與真菌共生，植物必須透過真菌將土中有機質轉成無機成分才得以讓根部吸收，例如蘭花，蘭園在培育過程時不時必須放入特定菌種以利於根系吸收養分。

在共生之餘，也有侵略的另一面，真菌被列在微生物群的一員，在地球上是被視為重要的清道夫角色。除了分解細微的有機體外也會寄居並侵蝕進植物的內部造成組織病變，比如常見的銹病、炭疽病或疫病，病害特徵非常多種，有些病徵甚至跟晒傷類似很難區分，需要多花時間觀察並回溯那幾日的養護方式是否有不妥。若真的確定是病徵，我們所能做的便是盡可能不要讓盆內的環境利於真菌生長，尤其在夏季高溫下，真菌的長勢很容易因為高濕與高溫快速蔓延，這也是為什麼夏季是植物最需要關照的原因之一。

雷陣雨通常持續不是太久，但我也沒因此放下警惕，看著再次出現的太陽，大概還要再兩、三小時才會落日，這段期間依舊不適合做任何事情，大太陽下除了將植物移到陰涼處，其他動作（澆水、施肥、修剪、換盆）都是多餘的，尤其千萬不要在太陽正午的時候興致一來將植物移動到陽光下，在野外其實極少看到這些觀葉植物大面積的被燒傷，主要是因為它們喜好的生長位置都在林蔭底下（這也是為什麼有機會養在家裡的主要原因），對於習慣於落地生根不移動的它們來說，並沒有能夠調節突如其來強光的機制，只有汰換掉位置不佳的葉片，葉綠體會隨著光的強弱或葉片年齡增減濃度，在感應到某個區塊的溫度與光照過量時會提前代謝，放棄那塊被直晒的區域，葉片的缺失對本體是不會有致命影響，而同樣行為也會發生在年限已到的葉片，自然的狀態下植物會盡量利用所有資源以達最佳效益。

存在於植物周遭的真菌，除了
共生同時也會分解宿主。

夏‧午後雷陣雨×晒傷×真菌

植物的晒傷與處理

在夏季常發生的情況，成因往往是因為日照角度變廣、日影區塊變短，原本有遮蔭的位置變成陽光直射的區塊而造成。另外若在直射光下澆水，水珠折射引起的灼傷以及植物燈距離沒有拿捏好等原因。嚴重晒傷都是在一天內快速的發生，會有大塊斑的焦黃（或是焦黑），而輕微晒傷情況是讓葉色發黃（從深綠變成橄欖綠），看起來好似營養不良。很遺憾的，植物葉片的外傷都是不可逆、不會隨時間復原，在太陽過度灼燒後，產生區塊性組織壞死，但要讓葉子持續利用剩餘的葉綠素，建議不要剪去整片葉子，只需要將乾焦部分修剪移除，再等待葉片自然代謝黃化脫落即可。

夏・午後雷陣雨×晒傷×真菌

被晒傷的葉子，不同於真菌病
害緩慢發生，而是在一天內快
速地呈現大面積乾焦狀態。

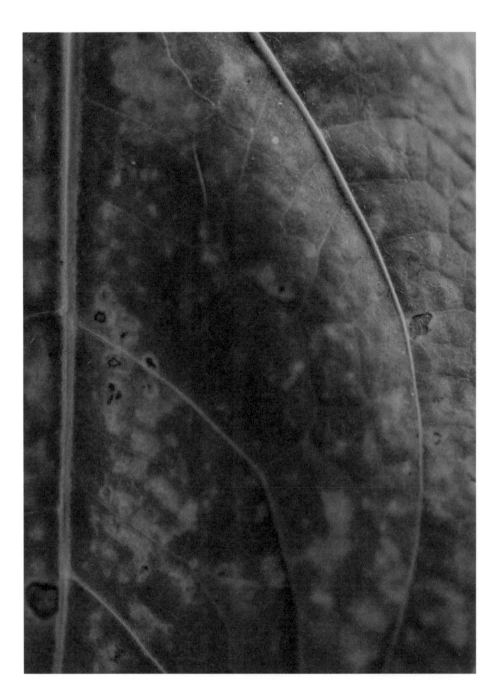

真菌引起的葉面病害會在葉子
中心呈現輪狀黃褐色斑點。

夏・午後雷陣雨×晒傷×真菌

預防真菌病害

真菌長在植物的各種部位，舉凡土壤、葉子、根，甚至盆邊都有，沒有甚麼方式是可以完全移除（也不盡然是有害的），肉眼看得出來的大多是長在盆內土壤上，若是在純室內環境發生，大多與不通風、澆水過於頻繁有關，而露臺、陽臺這些易於淋雨、濕度偏高的環境才較易看到盆土附近長出黴菌或菇類，雖會令人緊張，但其實當盆栽遇到這個狀況，只需移轉到通風好的地方（戶外尤佳），絕大部分的菇類不會待太久，在完成散播孢子的任務後一兩天就會萎縮，對植物的危害並不直接。

不過由內向外侵蝕的真菌病害就比較麻煩，不同於缺乏濕度造成葉緣變黃，真菌病害會連帶葉中泛起輪狀斑點，或黃或褐的病徵，且因為真菌種類繁多，很難肉眼判斷是甚麼菌種造成的病害，一般治療使用的藥物都是廣用殺真菌農藥，傳統配方是硫酸銅（$CuSO_4$）和生石灰（CaO）所調配的波爾多液，這個配方在調製完成的20分鐘內必須用完，不然沉澱後就會影響效果，此外針對醫治真菌的化學藥劑在台灣是屬於農藥被管制的範疇（請參考藥物種類與使用P.178），不建議居家室內使用。

其實在夏季，純室內環境若能維持空調或循環扇的運行，掌握好澆水頻率的狀況下，真菌病害是可以克服的，比較難控制的是無法掌控雨水跟溫度的戶外植栽，因此到了雨季、灌溉（夏季雷陣雨、春季梅雨）建議戶外植物噴灑帶有益菌的農肥（請參考肥料類型P.254）或是具有亞磷酸成分的產品做為防禦。

但若不幸植栽染病，首要的做法除了改善悶熱、過濕的環境外，修剪掉有病徵的部位是物理阻隔擴散的好方法，不過在修剪前後，切記要將器具用酒精消毒過，以免交叉感染擴散至其他植株。

03

風 × 蒸散作用 × 濕度

不同於上週一連好幾天的雷陣雨，最近幾天又變回了熱浪的日子……陽臺的濕度來到乾燥的43%，溫度也直逼33℃，而這也才上午十點半！在將陽臺的工業用造霧機加滿水設定好時間後，我便匆忙的前往工作室。才剛停好車我大老遠就聽到已經埋在花園多時的爸爸叫喚，怪我太陽都出來這麼久了才過來整理，他說這兩天天氣很乾，我再不澆水這裡的植物都要渴死了。他是個對植物充滿愛的人，每天清晨四、五點起來幫植物澆水的那種，我想他就是那種沒有懂很多原理只憑著觀察跟相處把植物種好的原生好園丁，幾乎是跟植物同步日出而作、日入而息的生理時鐘讓我佩服不已。但我們在選擇植物的喜好上有著明顯的差異，他偏好戶外的草花作物以及樹木，養護上跟室內的觀葉植物有很大的不同。回應著他的碎念我笑著搖搖頭逕自走進工作室內，手戳了戳放在角落植物燈下的水晶花燭確定濕度……大概還可以再撐個一天？再看看窗旁的錦緞蔓綠絨……葉柄已經微微的彎下！這真的要澆水了呢！

都知道室內的通風沒有戶外來的好，同樣的在室內的盆栽水分並不會像戶外植栽那樣流失那麼快，然而夏季要重視的不單單只是盆中的水，同時還有空氣的濕度，多數觀葉植物的原生地出自於熱帶雨林區，例如中南美及東南亞地區，這些地方通常終年暖濕，也因如此，相較於高緯度植物具有更旺盛的蒸散作用與對環境濕度的需求。

蒸散作用的動能來源除了光合作用外，溫和流動的風亦扮演了重要的角色，過去說植物需要的陽光、空氣、水三大要素，這個「空氣」的部分我更喜歡說是「流動的空氣」，有時會疑惑室內植物的生長速度為何如此緩慢？以及澆水後土壤介質始終泥濘不乾？這些狀況都跟環境是否有流動的空氣有關，簡單比喻的話，雨林植物就是個吃得多才長得快的物種，而要吃多的關鍵就在需要「消耗」——即蒸散作用發達與否？當環境溫度被太陽提高連帶周遭都有流動的風時，植物表面的外部細胞會產生滲透壓，使礦物質、營養物質和水分能從根部向上流動，這才完成了快速生長的條件，而內部因水分與養分向上運輸的同時，葉背的氣孔會打開，並帶出細小的水分子，在接觸空氣後，變成水氣進而調

節周遭溫度與濕度……在這些原始熱帶雨林中，降雨量較同區域的都市多，且溫差也會相對小，那便是因為植物在蒸散作用的過程可以在環境中製造更多水氣，跟植物行光合作用的炭循環一樣，植物同時也在水循環中扮演重要的角色，庇蔭了地球上大部分的生命。

在理解合適的蒸散作用是僅次於光線決定生長速度的要素之一後，我們也要知道，某些情況下，有的蒸散作用是植物無法應付的……例如焚風以及高樓的樓間風；這種環境極端的環境大概只有防風林或多肉型的葉片才能抵禦。對於大多原生地為雨林的觀葉植物來說，風的質地乾、熱而且瞬間風速極大，在強勁熱風吹拂過程中，水分從氣孔快速地帶出，而植物體內的水分卻無法及時從維管束補足上來，導致莖葉歪垂甚至葉緣乾焦，像是竹芋、秋海棠還有部分高地火鶴都是無法忍受這樣的環境，也因此這些品種多數在進入盛夏後鮮少出現在市場上，培育者的環境必須是能防風的溫室，或者配有造霧的設備，以確保穩定濕度以及能降溫為理想。

隨著太陽的西下，溫度總算慢慢降了下來，風也和緩了很多，在外工作一整天後，回到家剛好陽臺的造霧機也到預定的時間自動斷電停止運作了。陸續將原本放在室內冷氣房的植物們搬到陽臺，依序檢查著酷熱天氣下植物們的狀態並用有花灑的澆水壺，從高處對著植物們淋下降降溫。看著水順著葉緣滑落，不知道這些植物們，是否會對這突如其來的水感到慶幸？還是會對這出現於乾燥環境下的水源感到疑惑？

都市中的陽臺環境到了夏天可能會非常
乾燥且炎熱，需要額外加濕輔助降溫。

在戶外光線極強的時候，室內環境在
有空調的前題下是優於戶外的，
也可以用循環扇朝牆面吹以輔助整體通風。

通風與澆水頻率

在室內養殖往往很難理解通風的定義,最簡單的方式是去同步感受,如果自己也可以在該空間作息不覺得悶的環境,就是有達到通風的標準。在夏季開冷氣其實是個不錯的選擇,需要額外注意的只有該植物對濕度的要求有沒有被滿足而已,切記千萬不要拿電風扇直吹葉子,無時無刻被風吹不是應該有的原生環境狀態,溫和自然流動的風才是最好的。

澆水的頻率也著實是個大學問,可以歸納一個簡單的公式:

吸收作用(自體因素)× 蒸散作用(外在因素)= 水分需求

自體因素:葉片的厚度、盆中根系是否發達、品種本身對水分的需求?
外在因素:養殖環境通風、盆中介質組成、盆子大小、季節溫度變化?

在各種環境條件中最常見也最需要立即改善的是無風但潮濕悶熱的環境,這是多數都市生活形態者在夏季室內常有的狀態。除了要特別注意介質的排水結構跟澆水次數降低外,前面開頭提及的通風也相當重要。而後,便能體會沒有一盆植物的澆水頻率是一定的,這是一個很動態的變化,要說不變應萬變的測量方式就是將手指伸進土裡半個到兩個指節的程度去確認(深度差異看盆的大小),在室內環境介質帶有濕氣、像是好吃的布朗尼時就還不需要澆水;如果像放好幾天已經發乾麵包,那就必須盡快澆透,但在澆透後也必須觀察土壤是否在三天內再成為濕潤的布朗尼狀態,而不是一直都像燕麥粥那樣泥濘,燕麥粥狀態太久的成因就是環境不通風,或是該植物的根系有損傷沒有在吸水……這些都需要被留意盡快改善以免爛根死亡。

夏‧風×蒸散作用×濕度

加濕機──營造環境濕度

過去觀察戶外植物的經驗會讓許多人把整體環境跟盆土狀態視為一體相通,但這部分在室內的時候就必須分開當成兩個部分管理,在上一篇有提到如何掌握盆內濕度(通風跟澆水的頻率判斷),但講到空間環境的溼度又是另外一個概念了。觀葉植物的喜好跟我們人體很相像,我們都喜歡18~28℃間的氣溫,喜歡舒服可閱讀的光照,但唯獨對濕度大相徑庭,畢竟多數品種來自雨林,高濕的環境讓他們能夠發展更大更飽滿的葉子,不過這跟人類生活舒適的空間卻有所衝突,所以在養殖前最好先購入帶有測濕度的溫度計,衡量預備擺放位置的環境狀態,全室內的空間需要開冷氣與不開冷氣兩種狀態,這個動作在夏季尤為重要!事先確認自己家中的環境再進行選購適合的植物,會節省很多不必要的煩惱。

如果家裡原先就是屬於很乾燥的(濕度低於50%),可以利用植物的蒸散作用,集中種植去營造微氣候環境,不過集中種植能輔助的有限,一般覆蓋量至少要是該區立方體積的1/3以上效果才會明顯,也因此不存在一個十坪的室內放一盆植物就會讓環境變潮濕這個說法;反之,不適當的人為密植很容易會引發各種蟲害跟疾病,尤其在亞洲的公寓樓層夾面相較歐美低許多,論採光通風都不適合大量在居家環境內密植。比較好的方式是另外配備加濕機,但在執行時也要考量自身居住環境的濕度承受力,例如臥房、書房等怕潮濕的空間就不適合喜歡高濕的植物,應該去考量在除濕機運行後,可以承受環境濕度會落到60%(甚至50%以下)的品種,例如市場常見的蔓綠絨或是虎尾蘭。

最後一種環境就是高樓層的陽臺/露臺,當風大、外部空間又廣沒遮蔽時,即使密植也很難維持穩定的濕度,除非將對外開放的出口做部分遮擋,如溫室常見的黑網或是用塑膠布做遮擋。但如果擔心破壞美觀,那在選擇植栽時就建議改種多肉或是海濱灌木。

上圖：家用加濕機可以小範圍營造
濕度，改善因為空調乾燥的環境。
下圖：室外空間因為較空曠且風的
流動性大，想要提高濕度就要用到
工業用的造霧機。

夏季植物推薦

PLANT
RECOMMENDATION
IN SUMMER

景天酸代謝植物，
最適合室內光線缺乏的空間。

01
Succulents

多肉植物｜苦行僧

多肉植物是一種形態上的泛稱，指具有肥大莖（或葉）作為儲藏水分的植物，部分多肉品種的葉片刻意退化的很小，這樣一來氣孔數也大幅下降，讓蒸散作用減少以保存體內水分，我們所看到肥大的區塊都是莖部並非葉片。而在本體蒸散作用低的狀況下，在室內養護時需警慎澆水，而非用常態的土乾澆水概念養護。

會發展成這樣外型的多肉，原生地多為沙漠或高鹽分沿海地帶，但並非所有多肉都如刻板印象一樣晒太陽少澆水，還是要回溯其原生的環境來判斷其是否能應付夏季室內嚴酷的環境。至於對光的需求，因為許多多肉植物是具有景天酸代謝的功能，長期待在室內陰暗處也可以維持生存，本章節所介紹的四個科屬都屬於能生存於夏季高溫悶熱的室內，可說是植物界苦行僧的代表。

虎尾蘭的形態多樣，不乏有姿態優美的品種，圖為雪紋虎尾蘭 *Sansevieria trifasciata* 'Bantel's Sensation'。

Sansevieria

[虎尾蘭屬]

檔案背景：原產於熱帶西非，東起尼日利亞至剛果。在印度、馬達加斯加、印度尼西亞和其他熱帶地區也有發現。它的生長方式大都是蓮座叢生式，葉子的形狀各異，有的高度可以達到1～1.5公尺，除了市面上常見的金邊虎尾蘭外，亦有色彩對比漂亮的月光綠鬼（*Sansevieria trifasciata* 'Moonshine'）及線條短矮的銀虎虎尾蘭（*S. kirkii* 'Silver Blue'）。虎尾蘭也會開花，但卻不是蘭花家族的）。虎尾蘭總品種數量大約有70多種，價錢從幾十塊到上萬塊都有（出藝、出斑等）在外型上也各有特色，是許多玩家喜歡蒐集的品種。

養護方式：它們極易栽種，耐旱、耐陰，生命力強，無論在何種環境下皆能生存（但還是要有微光）。介質上若要放室內建議選用排水性好的，如純椰纖或多肉土，要留意置於室內的虎尾蘭澆水要適量，號稱最像塑膠植物的虎尾蘭……會傳出噩耗都是澆太多水根部腐爛而死的。在冬季15℃以下時則代謝較慢生長速度變慢（甚至停滯），屆時甚至可以一個月以上不用澆水，若不確定怎麼拿捏水分也可以觀察葉面，待表面微皺再澆。

其他補充：除了易於栽種外，研究證實，虎尾蘭能夠幫助保持家中空氣清潔，去除甲醛和苯和三氯乙烯等毒素，在夜晚時吸收大量二氧化碳，釋放氧氣的成效高，是許多居家新落成的贈禮首選。此外它本身還能抑制細菌和黴菌的生長；簡而言之是完美的室內植物。

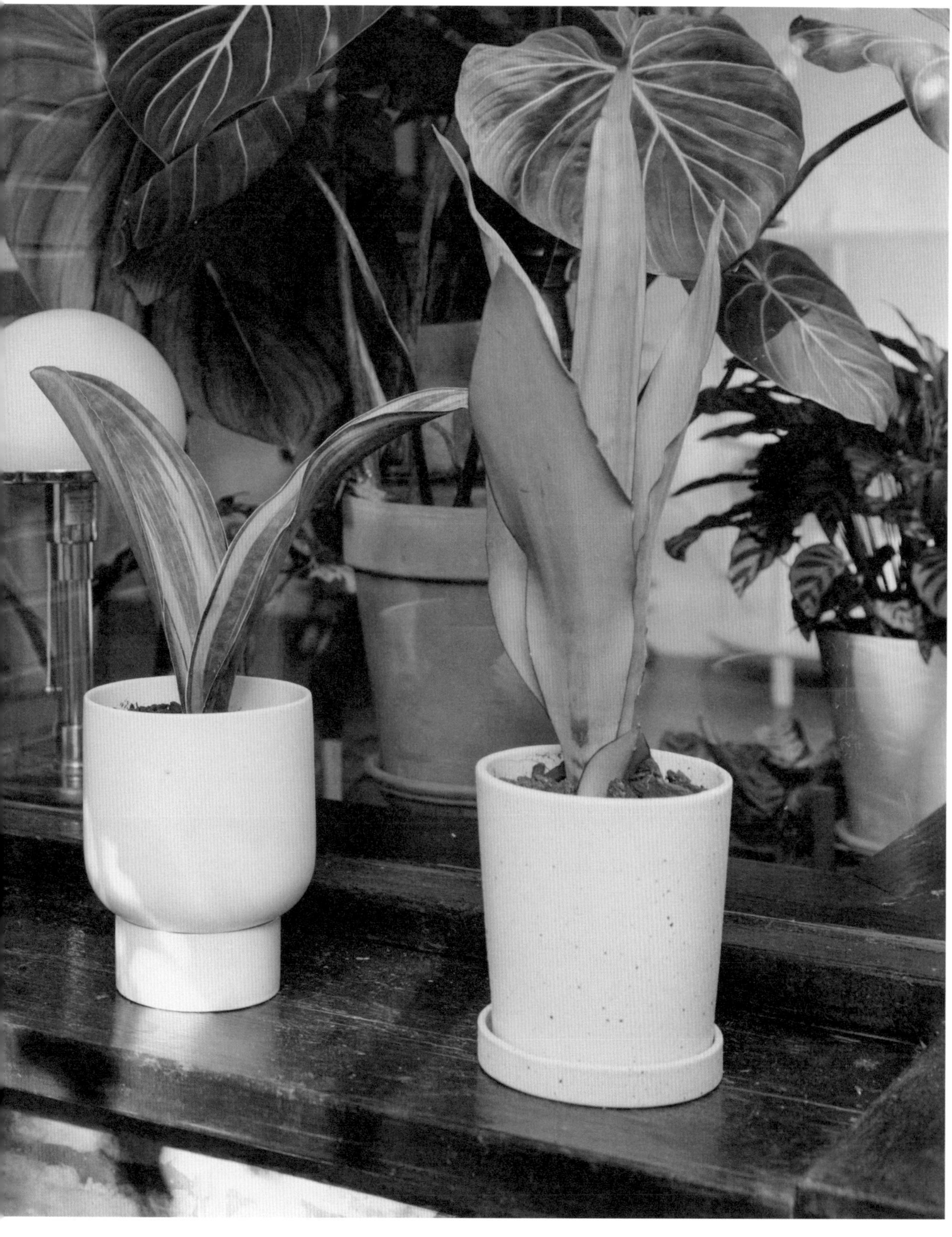

Euphorbia

[大戟屬]

檔案背景：大戟屬是成員最多的植物屬之一，原生地範圍極廣，形態也大相逕庭，從多肉形態、樹型、攀爬都有，比如大家都知道的聖誕紅也是大戟屬，跟接下來要介紹大戟屬多肉有很大的不同。大戟屬多肉的花非常小，連葉子都只有一點點，且大部分在莖部也帶有刺，所以常常被誤認為是仙人掌科（Cactaceae）。

養護方式：大戟屬的多肉是出名的好養，比如常見的帝錦、珊瑚大戟及龍骨大戟等，在市場上都非常受歡迎且價格划算。在室內環境介質上選用排水性好的多肉專用介質即可。在光線充足時部分品種在刺座會長出葉片（沒有刺座的則會在莖的尾部），但若室內光線少，葉片就會自然乾掉脫落，不過依舊不影響其生長。室內養護時澆水不一定澆透（尤其是通風不好的環境），可以依照土量的1/3～1/4澆，頻率上若不確定怎麼拿捏水分也可以觀察莖面，待表面微皺再澆。

其他補充：眾所周知聖誕紅是有毒的，同樣的，大戟屬多肉也是，其莖葉中的乳白汁液對人的皮膚非常刺激，若不小心沾染到會有類似灼傷的痛感與傷口，在做修剪以及扦插的時候要特別留意。

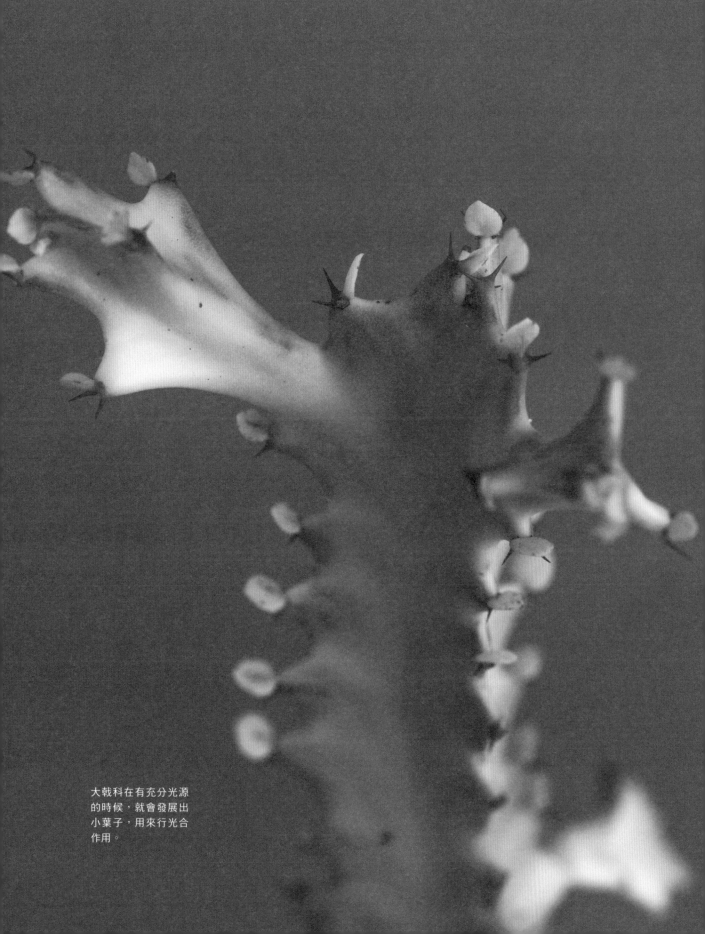

大戟科在有充分光源
的時候，就會發展出
小葉子，用來行光合
作用。

Disocactus

[紅尾令箭屬]

檔案背景：原生地遍布於美洲墨西哥平地以及巴西的沙漠，不同區域個體存在許多差異，會開不同顏色的花，而在台灣普遍的品種是魚骨曇花（*Disocactus anguliger*）又稱鯊魚劍令，它的莖部非常特別，是波浪的形狀，像骨頭一樣，英語的俗名是：Fishbone Cactus（魚骨頭仙人掌）。

養護方式：根性偏向附生喜歡腐殖質豐富的排水好的土壤，沙土是常見的介質。耐旱耐熱在夏季喜歡高空氣濕度，潮濕的環境容易在莖部長出氣根，因此適時的噴水霧較能維持植株平滑的樣子。紅尾令箭屬可以忍受室內悶熱不過盆土不能太濕，否則容易因浸泡而爛根；它害怕寒冷，冬天最低養護溫度要保持在7～10℃以上而且要限水。對於光線的忍受度還不錯，但如果日照真的太短，其莖容易徒長，像是魚骨曇花在缺光時，原本大波浪的線條長到後面會變得像被平板燙一樣彎曲不明顯，屆時可以直接修剪掉徒長的部位，維持形態美觀。

其他補充：紅尾令箭屬容易繁殖，只需要一小段莖，插水或插土就可以增生，但是如果想養到開花，最好購買具有木質莖的老欉型，如果從側莖扦插出來的植株，至少需要養二到三年才能看到開花。因造型特殊在佈置時可以增添整體葉形的豐富度，使得視覺變得活潑，在植株莖部還短時可以直立種植，而種大後也適合拿來做垂吊式佈置。

Zamioculcas zamiifolia

[美鐵芋屬]

檔案背景：鮮少人知道做為觀葉家族中最大科屬天南星科（Araceae）底下的美鐵芋屬（Zamioculcas），該科屬也就只有美鐵芋（Zamioculcas zamiifolia）一個品種而已，是個極為特別的存在。原生於東非肯亞至南非一帶的熱帶及亞熱帶地區，這區域具有旱季、雨季交錯特性，因而發展出發達的塊莖來儲藏水分，植株高度可到40～60公分，簇生型生長。

養護方式：莖部具有保水的塊莖結構，澆水不宜過於頻繁，介質的選用也以排水性佳或砂質土壤為佳。其耐熱耐悶，但不喜歡直晒陽光，微光的室內就可以生長得不錯，也極少有蟲害，是很多百貨商場喜歡的植物。而到了冬季，若遇溫度寒流，切記需要限水。美鐵芋生長極為緩慢，通常要差不多一年才可以盤根，二到三年才需要移植新盆，並也要好幾年才會開花，所以通常都是用扦插比較多，鮮少實生。

其他補充：雖然這個家族只有一個品種，但也是有出斑葉（zamioculcas zamiifolia Variegated）的形態以及全黑的黑金美鐵芋（Zamioculcas zamiifolia 'Raven'）。新葉生長時也很特殊，非一片一片生成長出，而是底下莖部長出葉莢，展葉時一次生成所有葉片。

灑金蔓綠絨（*Philodendron erubescens*
'Painted Lady'）在長日照下，葉面的斑色
對比才會顯得鮮豔，底色呈現金黃色。

photo by Yuty

02

Philodendron

長日照的變化｜蔓綠絨屬

部分植物若遇到原生環境的氣溫與光照變化大時，會利用植物激素調節葉色，讓葉片落葉，已達養分回運的目的。但落葉狀態極少存在於赤道的雨林植物，多是表現在斑紋的呈現，以天南星科（Araceae）家族的第二大科屬的蔓綠絨屬（*Philodendron*）為例，蔓綠絨屬的拉丁文屬名*Philodendron*是由希臘文的phileo（喜愛）及dendron（樹）結合而來，意指這類植物喜歡圍繞（甚至攀上）樹木生長。這群原產地幾乎在熱帶美洲的雨林，大多具備發達的氣生根，吸附於樹皮或岩壁。因生長方式以及葉色表現有很多元的變化而廣受歡迎，部分蔓綠絨屬帶有特殊的基因以致顏色表現方式不同，特別是在光照時間較長的夏季，本章節精選出三種會因為夏季日照時長變長而產生顏色變化的品種。

Philodendron giganteum Variegated

[大理石蔓綠絨]

檔案背景：大型的直立型蔓綠絨，種加詞 giganteum本身有巨大、龐大的語意，雖然不及攀爬型蔓綠絨向上生長的速度，但是原本就是巨人體質的大理石蔓綠絨，葉子很快就會長得非常巨大（在野外環境葉片大小可以達到90公分），是個吃空間怪物，比起向上發展，縱向的生長速度很快（而且方向是四面八方的展開）在園藝造景時是很好的底層填充品種，但若安排在室內養殖，則需要警慎規劃空間的容納量。

養護方式：大理石蔓綠絨莖部粗壯，屬於直立型生長半附生植物，這一類形態不太需要攀爬棒輔助，但依舊會朝著光線生長，所以在室內盆養時要適時地幫它旋轉方向，並且喜歡重肥，介質也依舊需要疏水性，依照形態跟生長方式可以推論其能適應較暗的環境（畢竟攀爬性不強而且葉片縱向生長，屬於長期在底層的種類），並且能接受稍為低溫的環境，生長溫度在13～27℃。

其他補充：大理石蔓綠絨最有趣的是斑紋的呈現，斑紋的顏色變化多端，並隨機的產生色塊，受四季跟溫度的變遷而導致新的葉片斑紋不同，斑葉的顏色表現時而偏乳黃、時而又偏雪白，變化的規律目前還不可考，但返祖的機率低。

Philodendron 'Paraiso Verde'

[綠天堂蔓綠絨]

檔案背景： 攀爬型的蔓綠絨，據稱收集自法屬圭亞那，長日晒後具有像高級牛肉的斑駁油花紋路，而這樣細緻表現的斑紋並沒有在學名後被冠上Variegated，其原因跟它的斑紋表現原理有關，這種表現不同於其他斑葉品種，屬於類似人類白子的弱勢基因，而是葉片葉綠素為調節光線所做的策略。

養護方式： 在冬季日照時間變短的時候，葉綠素的濃度會比較高，為的是讓光合作用效能增加，使得葉片紋路不如夏季的明顯，許多不知道的人會很懊惱以為遇到「返祖」狀況，不過只要稍做調整（可以用植物燈補光），斑紋就會在下一片葉子再次呈現，綠天堂蔓綠榕的攀爬性極高，每次生長新葉高度會增加5～20公分，需要時常整理（增添攀爬棒的高度或是剪下頂芽重新繁植），其氣根發達，較能耐得了底下盆土乾燥，過多水分會使葉片變黃，介質上選用排水性好的混合介質為佳。

其他補充： 要特別留意這一類的季節顯斑植物，需求的是「長」日照而非「強」日照，過強的光線依舊會灼傷葉片。

***返祖：** 這指的是具有葉藝（Variegated）的品種，由於種種因素而變成沒有斑紋的狀態。

綠天堂蔓綠絨的夏季新葉在長日照
下會有明顯的油花斑。

Philodendron billietiae

[橘柄蔓綠絨]

檔案背景：原生於巴西和法屬圭亞那，除了斑葉品種價格一直居高不下外，該物種本身沒有甚麼特別的故事，但橘色的葉柄本身就是最獨特的象徵，你幾乎找不到天南星科屬有這樣美麗的天然顏色，跟大理石蔓綠絨一樣，屬於直立型生長半附生植物，光源均勻的狀況下葉片會向四面八方展開，葉片為箭形，並帶有光澤，葉長可以到90公分。葉柄暗黃至橙色，長度可到25～56公分。

養護方式：在穩定的光量下，橘色就越明顯，甚至到螢光橘的地步！而若長期放室內光照不足時葉柄則會從橘色轉為褐色，但褐色葉柄不會對健康有太大的威脅，基本上橘柄蔓綠絨的生命力在蔓綠絨家族中是非常強硬的，對低光的忍受以及耐旱的程度很好，也極少在其身上看到蟲害，對介質的要求不高。橘柄蔓綠絨在野外的生長地從岩石上到落葉地面甚至在樹上都有可能，所以養殖時可以依照澆水頻率調整介質的疏水程度。

其他補充：它耐旱又能承受得了些微的澇害，也能「忍受」濕度長期低於50%的環境（但如果想要它葉面常綠漂亮還是要給高一點的濕度），在蔓綠絨中容易養的程度讓我印象深刻，對新手來說是非常好養的室內植栽品種。

03

Monstera

破洞的美 ｜ 龜背芋屬

*Monstera*在拉丁語中有奇特的意思，這個家族被發現於中美洲的熱帶地區，從墨西哥最南端到巴拿馬，甚至其他洲也有發現，比如夏威夷，被拿來做為溫室栽培時間可追溯於一七○○年的英國，是雨林植物中非常早成為室內園藝的素材科屬。許多*Monstera*屬植物在幼年過渡到成體後葉形會出現劇烈變動，有時除了羽裂外還會出現大小不一的孔洞，而在養殖中若發現後來養出來的葉片較前葉孔洞有所減少（或是原本裂葉後來又變成全緣葉形），這通常與植株本身健康還有環境改變需要適應有關聯，除此之外，它普遍具有攀爬的特性，在原產地生命力旺盛，算是強勢的科屬。然而只有部分可以抵禦攝氏15℃以下的寒流（但到了攝氏5℃幾乎所有雨林植物都沒辦法忍受），因此很長的一段時間比較常見於亞洲與東南亞在栽種繁殖。除掉斑葉的品種，目前已知有50多個種類。

Monstera deliciosa

[龜背芋]

檔案背景：所有剛開始在室內享受種植樂趣的人都會養的種類，受歡迎到在IKEA都可以看到假的版本（甚至連斑葉的都有）。龜背芋耐陰耐旱好扦插（請參考無性繁殖——扦插P.110），它原產於墨西哥南部，是一款生命力強健的物種，幼體期沒有裂葉也沒有孔洞，會利用發達的氣生根「爬」上樹（氣生根可以延伸像電線一樣長，這也是早些年在台灣稱龜背芋為電信蘭的原因），然而隨著生長，新長的葉子會發展出裂葉與孔洞，關於這些標誌性的孔洞是如何演化有許多推測，有一說是為了讓葉子可以承受強風而不會撕裂，或者讓更多的光線從孔洞通過達至下部葉子。幼體期後的二至三年，在光線與攀爬條件都良好的狀態下，可以發展為亞成體（孔洞數穩定，葉片直徑可達70～90公分）。

養護方式：龜背芋的生長適溫在攝氏20～25℃，冬季成熟植株短時間可耐5～15℃的溫度，是雨林植物中比較抗寒的品種。夏季生長期間植株生長迅速，應適時地追加液態肥做為追肥（請參考肥料使用P.256）。另外，在室內要考量栽培空間，室內光線不足蒸散作用也不夠發達，莖部徒長幾乎是必然會發生的，所以在安排擺放的時候需要確認空間足夠，否則容易會影響莖葉的伸展，顯示不出姿態。室內種植時，介質要求肥沃疏水、但保水性好的微酸性壤土，可以選擇用椰塊混泥炭土。

其他補充：龜背芋的種小名 *"deliciosa"* 有美味的意思，在原產地是可以吃的水果（據說有鳳梨的香味），不過在室內種植時因為光線不足以讓它們植株發育成熟，所以不太會開花結果。另外因為喜歡追光，植株方向很容易因光源而改變，適時地轉向很重要。很多人會煩惱於它發達的氣根，氣根是可以修剪的，不過會影響它們新葉的大小發展（也可能裂葉跟孔洞的數量減少），而斑葉（尤其是日本白斑型），在氣根受阻時白斑的部位容易焦黑，不剪去氣根可以將它引導入底下的盆土或是給予攀爬棒攀附。

photo by Yuty

Monstera adansonii

[窗孔龜背芋]

檔案背景：窗孔龜背芋，在國外常常被稱為瑞士起司植物（Swiss Cheese Plant）在台灣則常被誤讀成洞洞／窗孔蔓綠絨。原產地在中南美洲，它生長速度極快，耐陰也可忍受幾日旱況，如果沒有足夠的空間養龜背芋，窗孔龜背芋是不錯的替代方案。

養護方式：窗孔龜背芋喜歡的溫度範圍是15～28℃之間，避免低於10℃的溫度。它的原生生長方式傾向攀爬，所以比起垂盆更喜歡有爬柱，這樣比較能滿足其氣生根的發展（但因為長得實在太快了，我後來就把它們種到外牆邊，長得出奇的好），它們本身對可以忍受低光，屬於介於陰性與耐陰之間，完全植物燈養植也可以，

養殖過程滿足氣根的水分需求後能促使他們葉片以及孔洞因此變得更大，使之形態與另一款大洞洞龜背芋（*Monstera* sp. "Esqueleto"）相似。若植株已經過長（尾端葉子越長越小，甚至有介殼蟲侵擾），也應該適時地扦插繁殖（請參考無性繁殖——扦插P.110）。

其他補充：目前市場上有兩種形態，區隔上有薄葉莖細軟品種與厚葉且莖部較粗硬的品種。目前尚未對兩個品種做名稱上的區分，但在養照上差異並無太大。

Monstera sp. "Esqueleto"

[大洞洞龜背]

檔案背景：過去很長一段時間在園藝栽培上誤用*Monstera epipremnoides*之名流通，然而後者實際上幾乎沒有出現在私人收集中；與之有點相似的種類還有*M. obliqua*，這物種的某些祕魯生態型，葉子為長橢圓形，葉常可以達到70～90公分，最顯眼的就是均勻排列的洞洞，生長速度並不如窗孔龜背芋快，但會需要大的垂直空間讓它攀爬。

養護方式：大洞洞龜背的原生地至今尚未明確，但多被發現於充足的降雨、良好的濕度（70%以上）和穩定溫暖的環境，養殖門檻會相較龜背芋及窗孔龜背芋高，首先須留意冬季保暖，並確保它環境濕度夠，夏天不能過熱，超過30℃就需要找陰涼的地方擺放，至於盆土的喜好也是喜歡疏水性並富含有機植的介質，不喜歡過於潮濕的土壤（建議可以加入大顆粒的椰塊或是小樹皮）。

其他補充：市場上很難區分還未亞成體的大洞洞龜背芋（*Monstera sp. "Esqueleto"*）與窗孔龜背芋（*M. adansonii*）之間的區別，只有在亞成後才能用孔洞結構做判斷（前者的孔洞排序較整齊，後者比較圓潤且交錯排列），在購買時就連商家也容易搞混。

photo by Yuty

04

Caladium

夏季限定│彩葉芋屬

檔案背景：原產於中南美洲的熱帶地區，一樣是天南星科底下的一屬，卻是這個家族葉色變化最豐富的一群，該屬原有16種，但育種歷史悠久，更因近年的觀葉熱潮，已培育出更多新穎的表現。在環境好的狀況下，株高可以達到70～90公分，也有記錄葉片大小可以大到40～50公分，是景觀設計中很好的添色植物。

養護方式：在冬季進入20℃以下的地區會因低溫呈現冬眠狀態，新葉生長速度趕不上葉子變黃的凋落速度，最後只剩一盆空盆，但這時候千萬不要緊張，只要保持土壤微微濕（也不用特意施肥），遇到低於10℃的溫度要稍作避寒（拿進室內），待來年春天均溫超過22℃便會開始發葉生長了。夏季的生長態勢極旺，除了常態緩效肥外，建議每兩週可以追肥。此外，這個家族對日照時間與水分的需求很大，並不適合做室內種植，易發生「倒伏現象」，

其原因為光照缺乏導致蒸散作用不足，而葉柄維管束的水分含量缺稀，有時會因為無法支撐葉片的重量而折損，故建議種植時還是放於陽臺蒸散作用佳的遮陰處佳。

其他補充：在每年的春分後是適合購買彩葉芋塊莖的季節，種植時選用泥炭土（可依照通風狀態加入2～3成的珍珠石做疏水），將介質入盆後放入塊莖，並以2.5～5公分的介質做覆蓋（千萬不要將塊莖裸露在土外），在溫度條件有在均溫22℃以上，約莫5～7天就可以看到出芽了，購買時塊莖越大出芽後的葉片也會大，唯獨要注意的是彩葉芋的塊莖有分上下：肌理結構較複雜崎嶇的為種植時需朝下的發根處、結構有一個明顯凸起則為朝上的開芽處，這個部分不能搞混，否則開根不順利可能會導致整個塊莖爛掉。

photo by Yuty

彩葉芋的塊莖，圖中的左側塊
莖有凸起處即為出芽處，種植
時須將凸起朝上掩埋；而右側
塊莖結構肌理較複雜，為種植
時要向下擺放的開根處。

SUMMER DECOR
夏季佈置

夏季時節環境悶熱，最適合選用多肉植物來妝點室內。其型態多元，或直立或垂墜，葉片數量豐富但也有單片莖、葉表現的，在做整體佈置的時候可以讓視覺線條更加豐富。小型的多肉盆栽可以擺飾在桌案上或作為大植栽間縫中的填充。

龜背芋的生長季為夏天，然而在擺設的
時候需要常常轉動盆身，以免因為追光
傾倒。而在擺設葉柄長、葉片大的觀葉
品種時，可以用椅凳／花檯將之抬高擺
設，除了能將葉片拉到與視角水平易於
欣賞外，空間上也會更舒適。

使用具夏季氛圍的切花穿插於佈置中，
例如火鶴、天堂鳥等明艷色彩的花，而
夏季亦有蝴蝶蘭可以購買，擺設期均可
達到十天。

photo by Yuty

photo by Yuty

CHAPTER 2

AUTUMN

實 | 秋分

01

修剪 × 莖 × 運輸系統

眼前的是一棵高達兩米的小豆樹（*Cojoba arborea*），細而飄逸的枝葉是它令人喜愛的原因，半年前它的高度只到我的肩膀，如今已經竄出我身高至少兩個頭了，且因為未曾修剪過，目前依舊是單桿的狀態，莖幹筆直而沒有側枝……我得在它入冬後正式變成一棵稀疏好笑的聖誕樹前，趕快修剪它讓長側枝才行。

植物的修剪被分為剪葉、剪側枝、剪主幹這三種，因應不同的目的性，而做選擇。下刀前要先能區分植物的根、莖、葉這些部位在哪裡。像是平常在食用的馬鈴薯還有紅蘿蔔，觀葉植物中的油點百合、彩葉芋等是被歸在地下莖植物的範疇。這一類植物沒有明顯分枝或莖幹需要修剪，它們將所有營養都集中於土裡的莖部，生長點單一。並在球根周遭發展細的根部，向四周叢生、縱向生長。一般對地下莖型的盆栽植物整理時只會修剪土面上的葉柄，如果要大修的話，就會需要刨開土把它挖出來做「分株」，整個過程會比較暴力，因為挖出來後還得直接把它唯一的營養小金庫（球根）整個切半，或將子球剝

離……對於很多將植物視為寵物的人而言，簡直是場謀殺！不過它們畢竟不是動物，植物的生長模式經常可透過片段的莖部（或葉片）而繼續分生繁殖，延續生命。反倒是當盆內的生長空間已經超出根部發展的臨界點，導致根系受阻、排水跟營養失衡……那才是真的扼殺！長期養植物，了解怎麼修剪會是一個必要的環節。

而相對於地下莖植物，地上莖植物是多數人在修剪上常難以下刀的，在煩惱怎麼區分葉柄跟莖之前，要先了解側枝與主幹的位置。植物的莖部除了將養分從根部運輸向上外，它們不同於將養分都集中儲蓄的地下莖植物，地上莖植物是會把雞蛋放在不同籃子的分散投資者。會將營養安插在各個莖部的莖節或生長點裡，莖節是指葉片著生的部位，或是當葉片脫落有痕跡的地方也是莖節。這些營養區可以進一步萌生葉芽（一片或者是一叢）或側枝，所以只要仔細觀察葉子的長勢，便能判斷出葉柄跟莖的差異。此外，地上莖植物在分類上會因生長模式不同而區分成兩大類型：草本植物和木本植物，不過此分類方式並

小豆樹因為枝幹纖細，在主幹還未
長粗前必須用支架支撐塑形

非分類學中正式的區隔，比較常用於園藝上廣義的「樹」以及「草」的差異。簡易分辨的方法是草本植物的莖大多為綠色，可同葉子一起行光合作用，且多汁、柔軟易折，沒有形成層，像是薄荷、羅勒等。而木本植物顧名思義就是具有木質質地的莖幹，會隨著植物的成長，莖的直徑會逐漸加粗，具有較強的支撐力，並依生長形態分為喬木、灌木及木質藤本，而我眼前的小豆樹就屬於灌木類型，現在我再次翻看它的枝條，從頂頭柔軟而有韌性的新枝，依循葉子的生長源頭，找到了主幹。

這是一個直徑不到1公分的主莖條，雖然很難從外觀上分辨，但這細細的枝條裡面有著兩大運輸系統正在運轉著。一個是從底層帶領水分與養分向上的木質部，另一個是從葉子反向輸送有機物的韌皮部。我反覆用指腹摩娑著它粗糙的表面，很明顯這個莖正在經歷特化，表面

的木質素已經開始沉積於表皮細胞，形成了樹皮的結構，加強了莖的支撐讓頂芽能繼續往上發展並且還隨贈了更好的抗寒能力。但擁有樹皮並非小豆「樹」是樹的主因，而是內部夾在韌皮跟木質部間的「活體」的形成層，形成層向外發展韌皮部（廣義說是樹皮），向內發展木質部，不過韌皮部（樹皮）的厚度並不像木質部的累進，它的細胞像骨頭一樣，除非斷裂有傷口否則不會再增生；而木質部則像是脂肪可以無限生成（但生成方式是往內生成的），這個部位會因為季節氣候而影響形成層細胞分裂的速度，有著周期性變化：當春、夏氣溫溫暖，水分充足，形成層分裂出的木質部細胞會又多又大，所形成的木材質地疏鬆，顏色較淺；到了秋冬，為抵禦寒冷形成層分裂的細胞較小，使得木質緊密，顏色也較深，甚至那些落葉性的喬木在入秋後開始落葉為的就是阻斷木質部繼續送營養到各處，進而讓營養保留於木質部中，換句話說，秋天是植物在夏季向外擴張後，反向「紮實」自身的季節。

回到這棵小豆樹，依照高度來說它的莖幹著實細了些，一直放在室內的半陰處讓它在夏季時節並沒有多旺盛的蒸散作用，沒能增長粗度反而是向上徒長擴張過度了，要想強迫它變粗或從旁長出側枝得先學習落葉性喬木……阻斷它將營養往末端運送。現下光剪側芽是不足的，必須從主莖下手才最有效。市面上有像棒棒糖多杈形

態的琴葉榕，價格會高出單桿形態也是因為曾打頂修剪，這種品項所花的培育時間更久，自然成本也比較高了。然而上述這些介紹，依舊不足以解釋「修剪」本身……在開始修剪枝幹時，往往都會以為自己可以決定盆栽的枝幹日後的樣子，然而隨著時間一久，會發現其實根本不能「真正的控制」，樹木的生長勢依舊有許多不可控的變因，在歷史悠久的園藝發展中，盆景的修剪堪稱是一門藝術，園藝家將原本在百年可以長成參天大樹的植物濃縮於只有不到兩尺的盆栽內。但即便是最頂尖的盆景行家也僅能預判修剪數十年間可能的光景，而這樣的功力是承載著日積月累對大自然的謙卑學習才有的能力。反觀在養殖的過程，我開始自我提醒修剪並非只是單純的控制。植物的意志是連動於土地與環境的，它們原本就擁有判斷自己生長走向的能力，人類的修剪行為常出自於主觀的喜好判斷，我們應投入更多觀察，才能真正與它們、與環境產生連結。一想到此，握著剪刀的手更謹慎了，我閉氣凝神，這個下刀處會是這棵小豆樹生長過程中的一塊小石子，而這段莖幹會像溪流一樣，在這裡越過而開枝，持續記錄著四季，它會越來越茁壯然後散葉到更高、更遠的地方。

許多觀葉植物在主莖的部位都有莖節,在修剪時保留莖節就可以將剪下的枝條拿去做扦插,圖中為斑葉豹紋竹芋。

修剪方式

適度的修剪除了能塑形外還能使植物更結實、生長得更順利。修剪植物的器具不但要鋒利同時也要乾淨無菌，可以先噴過酒精消毒。下刀時切口應該是斜剪，讓傷口不滯留液體，下刀要俐落平整，才有利於癒合。修剪部位可依照植物的器官分為：摘心（芽）、摘葉、修葉、剪枝，這四種是日常比較常遇到的需修剪處，此外，在一定的條件下修剪的同時也可以進行無性繁殖。摘（花）蕾、摘果則是當植栽出現開花結果的狀態才需要考量的。

摘心（芽）：是去除枝條末梢部位的新芽生長點，如果摘除的部位有涵蓋到頂端的莖（枝幹）部，而不單只是芽，則會稱作「打頂」，打頂動作在繁殖上也可以稱為是「切頂芽」。帶莖節的頂芽可以進行無性繁殖（請參考無性繁殖——扦插P.110）。植物在莖部末梢都有一塊分生組織，也都是在此處長出葉及芽；具有莖節的芽通常位於葉腋處，故稱為腋芽，可發育成新的枝條或花，而去除頂部，可暫時抑制頂端優勢的生長，轉而從左右的側枝發展新的生長點，讓姿態開始橫向發展，這麼做同時也有利於讓主莖幹變粗變壯抑或促使開花結果，例如玫瑰花，沒有修剪就很容易向上徒長枝葉而不結花苞。摘心或打頂一般會在植物進入生長季前或生長季中進行（春至初秋），入冬後多數植物進入生長停滯期，需斟酌執行。

摘葉、修葉：摘除或剪掉整片葉部，這個做法可以避免養分及水分的消耗，並增加該區塊採光與通風效益。室內的觀葉植物少有需要修剪葉子的狀況，會有修葉的情形不外乎葉片上有病蟲害，或葉片已有代謝變黃的徵兆，否則因為長葉的速度慢，希望多長葉子都來不及了，並不會刻意摘葉，而在那之前會先進行局部的修葉動作，保留葉子的大部分組織，使之還能進行（光合、蒸散）作用，維持美觀又不會減少葉量。熱帶觀葉植物、常綠闊葉樹木、棕櫚全年度都可以做摘葉、修葉，而溫帶植物或高緯度的樹木在夏季通常只能保守的做局部摘葉修剪（不能大剪）。

一開始養植物會不太好分辨「莖」跟「葉柄」的差異，需要透過觀察生長方式來判斷。有莖節的即為莖，葉柄會從莖節處生長並發展葉片；而沒有莖節部位的則是葉柄。

剪枝／莖：去除植物的莖部、枝條、樹幹部位（剪的同時當然葉子也會被剪掉很多），人工景觀的木本植物經常被修剪，這類植物其莖幹有儲存水分及養分的功能，剪去樹枝跟摘心一樣都是暫時終止植物向外延伸的手法，目的是將營養與水分保留在體內。適度的大修剪枝能促進翌年枝葉更加茂密，同時也是在移植樹木前會做的步驟。一般來說，常綠與針葉樹木的剪枝期為冬季十一月到二月，而雨林的闊葉木本植物的剪枝期則是在三月初春至五月初夏這段期間，至於具有落葉性的木本植物則是在落葉後可以剪枝。剪莖的動作在繁殖上也可以稱作是「分株」，帶莖節的枝條可以進行無性繁殖（請參考無性繁殖——扦插P.110）。

摘蕾（花）、摘果：去除花（正要開或是完開），目的是減少植栽因開花所引發的養分之消耗，部分觀葉植物在開花後會快速的代謝掉老葉。不過植物會開花的原因很多，多數抽花都是具有季節性的，摘蕾摘到一定的程度就不會抽蕾了。而也有的狀況是植株快要凋零，死前的綻放剪與不剪還是需要觀察。而摘果的用意也是，結果的過程會大量消耗養分跟水分，所以如果沒有需要通過種子來繁殖，通常會馬上去除。

02

攀 ✕ 莖節 ✕ 氣根

大概每隔一段時間，就會遇到有人誤把野外黃金葛當成龜背芋，甚至還出現「野外百年日斑龜背芋」這樣的笑梗。但說實話，我也曾經興奮地仰望我家旁邊大樹上的野生黃金葛，大大讚嘆：好大的斑葉龜背芋啊！我戲稱這是「植物之眼」的初始階段。說來慚愧，明明這些野外植物一直都在身邊，然而卻是直到我在室內養植物後，才開始真的注意到它們，在小心呵護的過程中也學會了觀察在自然中與它們相仿的物種。

然而這些看似可愛的孩子們在原生地的生長方式卻不那麼秀氣……在室內養殖的第二個秋季，我驚覺到它們才不是甚麼可以放在手上開心把玩的小盆栽！在經歷夏季的狂亂生長後，各個都變得像灌木一樣高！就像那棵野外的黃金葛，張牙舞爪的爬上了家裡的牆壁上對我齜牙咧嘴（形容攀爬植物裂葉的部分）。為了不讓家裡真的變成野外叢林，每年中秋到秋分間的這兩週，即是我一年中忙碌的第二個高峰期（第一個高峰期是春分），除了必須製作更長的攀爬棒（請參考攀爬棒P.101）外，還得修剪並繁殖這些攀藤植物。

曾經被問過這些室內的攀藤植物是否有生長極限？其實生長條件好的情形下還真的沒有，就像傑克的魔豆一樣，不出半年就可以讓家裡出現瓜棚一般的景象……而這跟原生環境有關，作為雨林生態系統重要成員之一，為了與其他植物競爭有限的光線資源，攀藤植物會透過各種方式想辦法向上生長，不同於樹木具有厚實的莖幹，該形態的植物本體通常無法自體支持龐大的身軀，因此植株在森林底層發芽後，會沿著樹幹或岩壁，一節節向上攀緣，每一個節點都是營養小金庫，某些物種甚至會長出氣根（不定根）牢牢攀附，每長一片葉的同時也會發展新的莖節，不斷重複的過程中新的頂芽會日漸離開地表的水源處，此時也必須用氣根及葉片來從空中霧氣或是濕潤的攀附物上獲取水分，野外的黃金葛之所以能長到像龜背芋一樣大，就是因為攀附在很棒的攀爬物——富含水氣的樹幹或岩石，這才呈現它的「真面目」。

野外攀爬後的黃金葛，亞
成後的裂葉外型常被誤認
成斑葉龜背芋。

天南星科不乏具有攀附性的品種，
在氣根穩定著附後，葉片才會越長
越大。

回頭看看我地植於戶外的龜背芋，它是小小的三片未裂葉狀態開始養的，歷經了三年，在地植前換了至少四次盆，如今它葉面已經超過90公分，並開了無數孔洞，我常開玩笑地說有些攀爬性的天南星科很像神奇寶貝，都會進化（從小小的「傑尼龜」變成裂葉又開洞的巨大「水箭龜」）。會這麼說是因為整個成長過程真的跟訓練等級一樣，它們小時候升級（成長）的速度比較快，而且養殖條件簡單！這棵龜背芋幼年在單純的室內半陰環境裡長葉的速度都還蠻迅速的，且莖條細較容易掌控，而當新葉開始大規模裂葉後，所需要的光線就要更多，除了莖部容易徒長也會因為追光整盆傾斜，變粗的莖部更是難以塑形。那時我都得整盆倒出來，擺正植株並重新栽種，過程中我會輕輕地把那些像電線一樣的氣根重新撥順埋到土裡，讓它們從盆土取得水分，過去也曾因為美觀因素把氣根剪掉，但那之後長出的幾片新葉，葉片大小跟孔洞數量都隨之縮水了。今年春天為了讓它有更好的生長環境，我將它移植到戶外地植，並讓氣根靠著庭院的磚牆攀附，看著它巨大的葉面，想著：是時候進行下一個階段，扦插繁殖。

秋．攀×莖節×氣根

編織材質只要是能長期
保水都是不錯的選擇。

攀爬棒的製作

市售的攀爬棒的材質上從早年的蛇木柱到近期的椰纖棒、水苔棒還有手工的布料棒……種類繁多，但功用上就是要能夠補足攀爬性植物氣根的水分需求。材質本身要足夠保水，才能有效輔助攀爬型植物發展氣根支撐頂芽的需求。在購買DIY材料時，鐵絲可以從園藝店購買蘭花用的專門鐵絲，尺寸從30～150公分，一共有9種長短。使用時先將鐵絲對折（以市面尺寸來說最長的棒子大概能做到75公分高），這樣插土後重心比較穩固。關於繩材，可在手工藝品店找到直徑較粗的編織繩。但繩子的直徑越細所需要的長度會越長，比如直徑6公厘的麻繩對應鐵絲，所需總用量是鐵絲全長的4倍，而如果是8公厘的繩子則是鐵絲全長的3.5倍，這個數字也會隨著編法的鬆緊有所落差。而關於編材，除了最好購得的棉、麻繩外，保濕度更好且容易拆解的特粗的羊毛線、灌芯海綿線等都是不錯的選擇，可以做出有趣的變化。

攀爬棒作法：基礎型

基礎型編織完成後攀爬區具有一片扁平面，適合貼在莖部比較粗、不容易纏繞的植物。例如火鶴或直立型生長的蔓綠絨。在開始使用的時候可以用麻繩或束帶將植物貼近棒子，棒子只要持續保持潮濕，氣根自然會攀附而上。

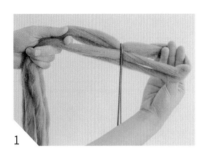
1

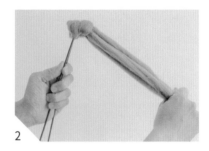
2

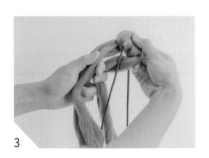
3

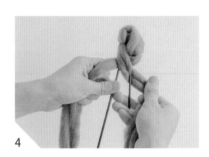
4

5

6

步驟：

1. 對折鐵絲跟繩子，將對折後的繩子穿過對折的鐵絲縫隙，形成繩圈。

2. 將底下繩子的兩頭穿過繩圈並拉緊。

3. 捏好拉緊的繩頭，將繩子分成左右兩側。右側繩子先穿進對折的鐵絲縫隙。

4. 左側的繩子覆蓋右側繩子後，也穿進對折的鐵絲縫隙。

5. 重複3、4步驟，編織下來，一邊編織要一邊往上推，讓結構結實。

6. 完成後打兩個平結，並將繩子線頭藏在繩縫裡，即可完成。

攀爬棒作法 ：吉拿棒型

吉拿棒型編織完成後呈現螺旋型，適合用在莖部比較細、可以纏繞的植物。例如黃金葛或垂吊生長的軟枝植物。因為有螺旋的肌理，讓藤蔓比較有支撐點，也可以在完成後將棒子彎成圓弧型，讓植物繞著圓環生長。

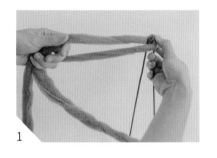
1

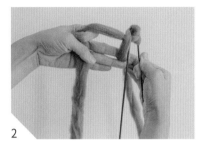
2

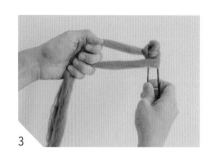
3

4

5

6

7

8

9

步驟：

1. 開頭跟基礎型一樣。完成後拉緊的繩頭，將繩子一前一後帶到左側。

2. 將前後繩子做十字交疊。

3. 覆蓋在上方的繩子再向右繞過對折鐵絲（兩根鐵絲都要包覆），回到前方後再做一個十字交叉。（很像三股辮子，不過其中一股是由兩個鐵絲為一個單位）。

4. 重複2、3步驟，編織下來，一邊編織要一邊往上推，讓結構結實。

5. 然後先打一個平結作暫時固定（以防後續動作鬆開）。

6. 打完結後，再次捏住棒子頂端。

7. 一隻手捏棒頭，另一隻手扭轉編織繩部分。

8. 請注意這個動作一定要從上而下並且同一個方向扭轉。

9. 可依照喜好決定旋轉圈數。完成後打兩個平結，並將線頭藏在繩縫裡，即可完成。

photo by Yuty

photo by Yuty

完成編織棒後，將之彎成圓弧型
或曲線，讓植物繞著生長。

03

扦插繁殖 × 組培 × 木質化

秋分後的第四天，上個星期突然來的颱風打亂了我原本的計畫，看了一下本週的天氣預報，除了白日的平均氣溫是炎熱的32℃外，24℃度的夜溫對這些雨林植物卻是極為舒適的，是個很好做扦插繁殖的天氣。再晚一些怕是到了入冬，植物進入休眠期，若根系還沒長出來就會比較難熬了。我帶著剛買的透明軟盆，一早到工作室清點要扦插繁殖的植物。

所謂扦插是一種植物繁衍過程中的無性生殖方式，植物體內都充斥著具有一定活性的分生組織，使得它們身上凡是含有營養的區塊都有機會做為繁殖的元件，在特定條件下分離母體後長出新的個體，兩個個體間可以保留一樣的基因特徵，換句話說就是從而製造許多複製品。在植物界植物能自然扦插繁衍的狀況不多，因為野外鮮少有契機可以出現扦插理想的條件，比如像是龜背芋，主要的棲地就是攀附在樹或岩石上，正常情況下沒甚麼機會遇到突如其來的分切，要繁殖只能等待開花授粉，過程須歷經多年，非常困難，而在人工養殖並不斷扦插繁衍後，數量才增多到如今

的盛況。另外，專業的繁殖場的方式則是利用賀爾蒙刺激分生組織的技術，這個分切的元件不需要像扦插那樣是一個完整的葉子或莖節，只要一點點組織，就可以增生進而成為獨立完整個體，也因此這項技術全名叫「組織培養」，簡稱「組培」，過去在台灣曾經出現不少高價稀有的植物被組培，比如價值一千五百萬的蘭花「達摩」，還有近年多肉的「玉露」與「玉扇」，組培讓稀少的物種得以供應市場，大量繁殖後的價格也實惠很多，只不過這個技術顯然超出了多數的園藝愛好者的能力，因此還是存在少數不被商家青睞（可能台灣環境不適合養或市場不夠大）的品種，使得價格居高不下。

這次需要扦插的有十四盆：兩盆火鶴、六盆攀爬型蔓綠絨、兩盆地生蔓、一盆粗肋草、三盆和果芋和一棵有我手腕粗的龜背芋……整個工程規模不算小，可能會花三至四天的時間，除了修剪外母株也需要換到更大的盆子（請參考換盆方式P.266），我開始著手於事前的準備工作……首先將一整包水苔泡開並清洗、加入發根劑後再

高壓扦插可用於氣根不發達的觀葉植物。將塞滿潮濕
水苔的扦插球包覆欲引根的地方，待看到根系後便可
以剪去莖幹。雖然過程可能會等到六週甚至三個多
月，但這是一個透過引根增加成活率的好方法。

剪下來後須要將切口放乾，再入新介質，
底下原本的母株不需要翻動，大概六～八
週會再冒新芽。

擰乾，這是給根系較粗的附生型植物，接著也調一桶疏水性較好的介質（請參考介質調配P.192）預備給根系較細的物種，這個配置並沒有一定，發根後好不好處理，會是我判斷用甚麼介質的依據。

首先處理的是一棵主莖老化，表皮看似木質的成年龜背芋，這種狀況在多年生草質藤本上經常可見（天南星科會攀爬的多屬於這種），主莖幹不再是綠色而是會包覆一層像是樹皮的質地，一般不了解的狀況可能會被誤解成植物不健康或生病，畢竟這個形態的植栽體積巨大，不太會出現在小型盆栽的市場中，它的作用就是能更好的支撐植株往高處攀爬發展，多半要養到數年才會看到。然而與之伴隨的缺點就是其上的生長點會較軟枝部分活性為低，一般的作法會先引出一些氣根，再做分切，像這棵龜背芋在春天時被移植到山壁，就是為了在分切前讓氣根有更好的發展。

從頂芽算下來第二到第三節之間的位置，我小心的將這段頂芽莖的氣根從牆面拆下，用酒精消毒後的剪刀乾淨俐落的一刀剪下！這段莖節的直徑達3.5～4公分，近日環境的水氣很豐厚，估計放入介質種植前，要讓切口晾一個晚上甚至更久才行，直接使用半濕的介質很容易會讓細菌從切口侵入進而感染。另外，如果天氣依舊悶熱，那還會再多一道泡殺菌液的工序，扦插繁殖的過程沒有所謂的標準流程，這也是為什麼一般興趣者會對扦插怯步……因為環境跟品種的不同，很難去詢問他人或全盤照做，過程只能透過自身的觀察去掌握種種變因，從中自行調整出適合的方式。我一開始執行的時候也是有一陣子頻頻失敗，比如在條件不佳的培育環境情況下莖節留太小，完全無法支撐到新葉長出或是在太冷的冬季切了正在冬眠的植物，結果根都長不出來，以及試著用切葉繁殖但卻整盤細菌感染失敗收場……雖然經歷了一連串懊惱，但這卻是我真正了解到植物構造還有生長形態很重要的過程，是從單純欣賞到有技術養殖的一個分水嶺，不過，也是那時候起，家中盆栽狀態開始有「不完全是都能欣賞」的情況，必須額外隔出一個變因低（氣溫適合、蟲害較少）以及條件（光照、濕度）相對理想的空間，讓植物能度過剛「手術」完的低潮期。因此，隨之而來就是陸續改造室內的燈光配置還有改建陽臺……甚至最後不得不把地下室改建成花房才能勉強容納其子子孫孫，這對一開始只抱著買植物來裝飾的我而言，是完全沒料到的。

無性繁殖──扦插

扦插的作法就是從根、莖、葉這些部位做分切。不同品種、不同部位的營養含量都不相同,選用的介質也會影響發根的快慢。其中除了要了解該植物的生理結構(是地上莖還是地下莖型)?調整培育的介質成分(用水苔?土?還是水耕)?還有對培養環境的溫、溼度掌握,過程細節繁瑣。故為了讓初學者能最快判斷如何扦插,以下表格用根、莖、葉三區去對應理想的繁殖方式,但僅是便於解析各部位的扦插方式,所舉例的植物並非只有該種方式扦插,實際做法還是需要透過實作經驗,找出適合自身的方式。

		特徵	範例種類	繁殖方式	發根介質建議
A. 地下莖植物: 根部分株		1. 有子球:叢生易有側芽,土面只有葉柄根葉子這兩個器官	觀音蓮	梳理根部後切除子球與母株的連結處	顆粒介質> 水苔·水耕
		2. 無子球:土下有大的根莖,叢生易有側芽土面只有葉柄根葉子這兩個器官	竹芋	梳理根部後將根莖切除分塊	顆粒介質> 水苔·水耕

A.地下莖植物-根部分株

A-1. 舉例植物:斑馬觀音蓮

有子球的分株方式:待子株成長穩定後用剪刀將兩株分離即可。

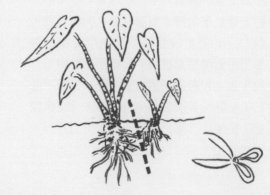

A-2. 舉例植物：青蘋果竹芋
塊莖的分株方式：梳理植株後直接分切地下塊莖。

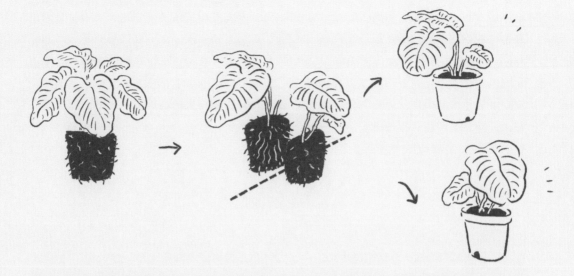

	特徵	範例種類	繁殖方式	發根介質建議
B. 地上莖植物： 莖部扦插	1. 無明顯莖節	火鶴 粗肋草 鏡面草	地上莖任一位置都 可包覆水苔發根 （高壓扦插）	顆粒介質＞ 水苔・水耕
	2. 草本、直立攀緣或 垂墜生長	綠天堂 蔓綠絨 黃金葛 合果芋	切在兩個莖節之間 枝條可以直接水耕 或包覆水苔／土耕	水苔／ 水耕／ 顆粒介質
	3. 木本、直立、 有樹皮	小豆樹 玫瑰花	地上莖部任一位置 都可包覆水苔發根 （高壓扦插）但須 先去除樹皮部位， 才易於發根	水苔／ 顆粒介質＞ 水耕
	4. 草本，匍匐生長	錦緞蔓綠絨	切在兩個莖節之間 枝條可以直接水耕 或包覆水苔／土耕	水苔／ 水耕／ 顆粒介質
C. 葉片扦插	葉子厚實	秋海棠 西瓜皮椒草 虎尾蘭	葉子的任一切口都 可以做水培或土培 （通常成葉插繁殖 的植物，根莖任一 部位也都能繁殖）	無菌處理＞ 水苔／ 水耕／ 顆粒介質

B.地上莖植物-莖部分株

莖部分株就不得不說起空中壓條（或高空壓條）這是被廣泛用在喬木類型（或是氣根比較不發達的植物）的植物。作法是先在木質化部位上製造新的傷口（請參考組圖B-3），然後於該區塊包覆介質。植物在癒合重組／生長的過程會誤以為該區塊正身處於土壤環境裡，便會開始發展根細胞。等待二至四個月根部確實發展後再行整個切除，這個做法能增加繁殖的成功率。空中壓條的技術存在於人類繁殖植物的歷史有三千年之久，過去許多難以繁殖的樹種都靠這樣的方式保育下來，甚至用於苗木的嫁接。不過其缺點是等待的時間長而工序又複雜，自從組織培育的技術成熟，扦插已經不是最有效的繁殖做法了。但對業餘的興趣者來說，仍是成功率最好的繁殖方式。

B-2. 舉例植物：姬龜背

直立型有莖節的植物，分株時從莖節之間下刀。頂芽段可以水耕或土耕，至於原本母株會在一至三個月後長出側枝。

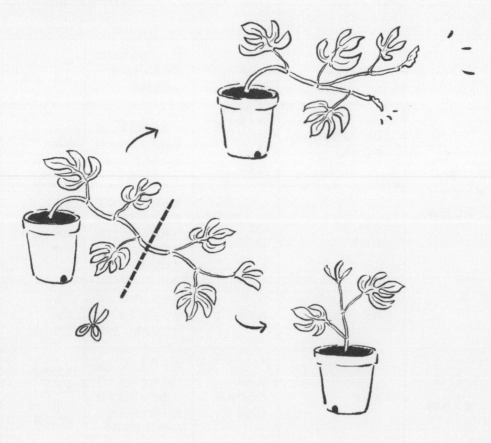

B-3. 舉例植物：橡膠樹

有木質樹皮的需要先將樹皮撥開再包上水苔，待根部長出後再剪下莖段種植。

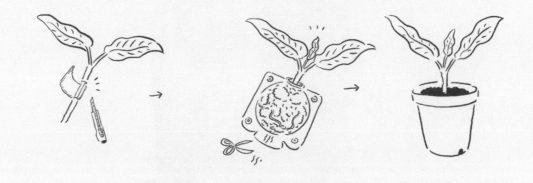

B-4. 舉例植物：錦緞蔓綠絨

有莖節地生型的植物，分株時可以先切，待植株長出芽點後再換盆分株。

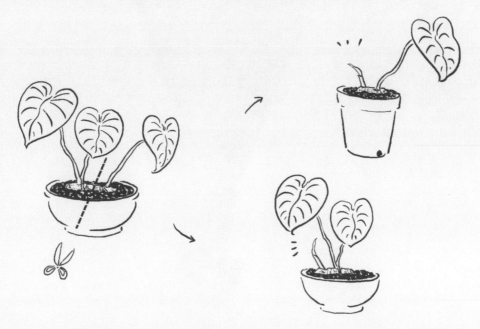

肉質葉片直接扦插的成活比例
較高，圖為葉片扦插一個半月
後的虎尾蘭狀況。

備註說明：

所謂顆粒介質不一定是含有泥炭土的介質，有時使用單一大塊顆粒（發泡煉石）或粒狀介質（珍珠石）也可以。主要還是依據根系裝況選擇顆粒大小，而人工的無機介質較不容易細菌感染。

水苔比較適合初期的根部發根，但當根系長出來並且盤根後就很難處理，建議可以混合珍珠石使用。

所有切除動作所製造的切口都需要晾乾，可配合傷口癒合劑或發根粉，晾乾時間視切面大小，還有當時的天氣狀況，從半小時到一整天都有可能。

秋・扦插×組培×木質化

枝條水插法：

枝條水插法指的是利用在切除欲繁殖的部位後，以純水為發根介質，等根系出來後再上盆定植的做法。這樣的好處第一點就是方便，不需要調配顆粒介質或是處理水苔。期間也不需要澆水，還可以清楚的看到根系的發展，過程非常有成就感。不過缺點就是離開水換成土盆後，在水中發展出來的根系因為環境因素會較孱弱，有一段時間需要適應土壤，換盆後的第一至二片葉子有可能長得不理想（縮小或捲曲）。然而如果一直丟在水中（水培），也會慢慢萎縮，畢竟低養分的水不是理想的長久環境，需要另外補充足夠的營養。

步驟：

1. 水插法剪取的莖條能涵蓋兩個莖節的長度最好。必要時要剪掉一些葉子，以免蒸散作用過旺。另外還需避免葉片浸泡在水中。因為葉片經浸泡後易發生腐敗，產生病菌導致感染。

2. 晾乾後將水浸泡到莖節處，前一週的水須保持乾淨（盡量常換水），在根系長出來後可以水濁再換，此期間也可補充營養液（沒有根前用葉噴的，施於水中吸收率不佳）。

3. 約莫六至八週根系就會長出來了。除了品種因素，一般春、秋比較快，冬天較慢，夏季則要注意溫度，若環境溫度超過28℃則不太適合水耕。因為水溫也會上升，吸引病菌增生，夏天建議在涼爽室內執行。

4. 待水插的根系強健後，便可以上盆定植了。

1

2

3

4

秋・扦插×組培×木質化

117

秋季植物推薦

PLANT
RECOMMENDATION
IN AUTUMN

01

Ficus

耐陰的樹｜榕屬

隸屬於桑科（Moraceae）的榕屬（*Ficus*），該屬約有1000個種，裡面涵蓋樹木、灌木（如菩提樹、橡膠樹）及藤本植物（如薜荔），原生地極廣，從非洲到東南亞都有遍及，屬於熱帶、亞熱帶樹種（少部分屬於溫帶地中海型，如無花果）。因為該屬中有數種在台灣是本土原生植物之一，不論是都市市區或是低海拔的郊外都容易看到其蹤跡，更能在鄉間廟宇旁看到枝幹茂盛樹齡百年被稱作神樹來參拜，可以推論它們在台灣的氣候下適應性是極好的。榕屬植物根系發達，且在溫、濕條件好的情況下經常會在枝幹上長出氣根，能適應野外平地的各種介質環境以及較陰暗的光照，其中更有數個能忍受室內窗光環境的品種，如琴葉榕（*Ficus lyrata*）、愛心榕（*F. umbellata*）、橡膠樹（*F. elastica*）等是少數能放在室內的大型木本植栽之一。不過即使能忍受比半日照還要再陰暗的環境，但終究還是木本型的（不能當作黃金葛這類看待），要長得健康建議還是每隔一段時間移到通風好的遮陰戶外放置，可依據天氣狀態每隔二至六週做交替的放置，否則長期在室內陰暗處葉片會拉冗下垂、葉色不佳，而在一開始剛購買時也建議先放置在戶外通風處，再循序漸進的放入室內，這個過程稱為「光馴化」，用於木本植物要移植室內所做的準備，因為原先養殖環境多數於戶外，若立即放入較陰暗的室內會造成大量落葉。榕科植物於室內在冬季需限水以免爛根，夏季時節則要留意室內通風。另外要注意的是部分榕屬植物的果實雖然可食，且榕樹群在野外通常是許多鳥類的棲樹，在生態圈中是很重要的食物供應者，然而植物體內部具白色，帶有刺激性的汁液（乳膠），可能引發過敏。

Ficus elastica

[橡膠樹]

檔案背景：原產於南亞東部至東南亞，又稱為印度橡膠樹或緬甸橡膠樹。橡膠樹的葉子大而輪廓質樸，葉面帶有革質的觸感，不太容易落葉，生長時具有直立性以及耐陰性的特質，不論室內還是室外，都是做為家庭和商業空間裝飾的經典樹種。除了好看的大葉子之外，葉色選擇也相當多元。

養護方式：橡膠樹比較喜歡在間接明亮的採光，但也能承受稍微陰暗的空間，用植物燈補光照明也可以活。因為葉片大容易累積灰塵，日常需要做擦葉打理以保持葉片氣孔暢通。好養護的它們唯獨在室內與冬季寒流來時怕過度澆水，它們習慣炎熱但不耐冷，5℃以下會產生寒害導致死亡，而當環境條件理想的時候它的生長速度極快，在春夏之際很容易就可以長得枝葉茂密，屆時可以適時地做打頂修剪，讓它長出側枝。

其他補充：純色系除了常見的綠色橡膠樹（*Ficus elastica* 'Decora'）外也有偏黑的黑金剛橡膠樹（*F. elastica* 'Burgundy'），混色型的斑葉有黃綠色的富貴榕（*Ficus altissima* 'Variegata'），也有偏黃、白、綠紋的錦葉印度橡膠樹（*F. elastica* 'Doescheri'）與白斑橡膠樹（*F. elastica* 'Variegata'），另外還有新葉帶有紅色漸層的美葉橡膠樹（這個色系中文市場只有這個名字，但實際有分：*F. elastica* 'Ruby'、*F. elastica* 'Sylvie'與*F. elastica* 'Tricolor'，差異在於新葉紅色系深淺以及範圍的表現），以及近年市場新出來數量稀有的撒金色斑葉橡膠樹（*F. elastica* 'Shivereana'）。

圖為黃金富貴榕。
(*F. altissima* 'Variegata')

Ficus umbellata

[愛心榕]

檔案背景：原產於非洲，在室內綠化上是近年才從日本流行起來的樹種，常常出現在日本雜誌或是日劇背景裡（好一陣子的都會劇中，男主角的公寓裡似乎都要有一棵）。它的莖幹優雅而直立，不同於其他受歡迎的室內榕屬，翠綠色葉片是愛心形狀的並且大而厚度適中，略帶垂度的樣貌仿佛洋傘，為室內帶來清爽的氛圍。

養護方式：在室內養殖時請斟酌介質的疏水性，根系健康的愛心榕吃水吃得重，要適度為它的介質保持一點濕度（夏天時節的觀葉在介質只是「微濕的布朗尼」狀態可以不澆水，但愛心榕就可以澆了），不過和其他榕屬一樣，到了冬季也需要限水。要留意的是愛心榕葉片巨大但卻沒有琴葉榕或橡膠樹來的厚實，很容易被直晒的陽光晒傷，而且它們怕寒風直吹，也不耐多日雨淋，最好的養殖處是通風的窗邊或有遮陰的陽臺。愛心榕很容易扦插繁殖，也因此近年市場上能夠買到各種大小與姿態，適合擺在桌上或地上。

其他補充：市場購得的愛心榕葉面會帶一些白色的水漬（這點在大葉的盆栽植物都蠻常見的），有部分是因為養殖地區的水含鈣量較重，也有一部分是因為曾經被噴過沉澱型的藥劑，這兩種在清洗時，用一般清水是不容易擦拭掉的，建議可以用稀釋過的肥皂水或是稀釋過的啤酒擦拭。

Ficus diversifolia

[小判菩提／金卓榕／金背榕]

檔案背景：小判菩提原生於東南亞地區，過去很長一段時間被原住民拿來當天然藥草使用，甚至製成茶包與膠囊，至全球觀葉風潮興起才開始從原生地被推廣，進入室內盆栽的市場。小判菩提的葉片是偏圓形或橢圓的革質，葉面深綠、葉脈之間有顯眼的腺體孔隙（孔隙在葉面是米／黃色、葉背則是黑色），而因葉背是金黃色所以又叫金背榕。氣候溫暖的時節容易在葉腋處結果，剛結出來的果實為灰白色，末端紅色，成熟後轉為紫紅色，能引誘鳥來取食，從而傳播種子。

養護方式：它喜歡溫暖濕潤的氣候，最適宜的生長溫度為20～33℃度，相較其他榕屬是更能耐熱但比較怕冷的，雖然能忍受短時間15℃的低溫，但若氣溫長期低於10℃度，則容易出現葉片發黃、掉落等現象且生長會受到一定的阻礙，變得緩慢甚至停滯。當春季日夜溫差比較大時，一定要注意及時關注氣溫變化，避免晚上的冷風吹襲植株，小判菩提略具耐旱性，但澆水時還是需要根據植株的根性狀態與天氣變化做調節，不乾不澆、澆則澆透為原則，如果澆水太過頻繁，容易發生盆土過濕導致積水爛根、黃葉等現象，從而影響植株的健康生長。

其他補充：小判菩提在夏季生長旺盛，因為枝條柔軟，被認為略有蔓性，種植時可立支柱支撐整形，它可以承受大量修剪，適度剪去雜枝可以讓樹形有更好的呈現。

Ficus lyrata

[琴葉榕]

檔案背景：最常見的室內木本的植栽，流行於歐美，受歡迎的程度僅次於龜背芋，幾乎每本室內佈置的雜誌都可以看到它的蹤跡。原生地在熱帶非洲，被發現於海拔300至1,600公尺的地區，至今在台灣的郊外其實也隨處可見。野外的琴葉榕高可達12公尺，樹幹上會帶有些許氣根，葉片像是小提琴的形狀，因而得名。一般琴葉榕要長到很高的時候，才會開始結果實，而且結在葉腋，從地面遠望很難發現果實。

養護方式：雖然琴葉榕能承受室內陰暗的環境，但也只是因為它本身相當耐命，不代表在無光環境下能生長得很好，事實上琴葉榕對光線還有通風的要求其實是高於同屬的橡膠樹的，只有足夠的日照與溫度它才能保持健康並且持續長新葉子（不然就會呈現像化石一樣久久不出新葉），其葉子厚實可以忍受一段時間的曝晒，非常適合放在陽臺為其它不能直晒的觀葉植物做遮陰。

琴葉榕的澆水頻率很看環境通風，很多大型盆的琴葉榕都是死於夏季在不通風的室內澆水過多，所以建議介質的選用上須配合室內環境與盆的大小做疏水成分的增減（比較悶熱的可以加一些大顆粒的發泡煉石）。在戶外的琴葉榕對台灣氣候是能完全適應的，若環境舒適根部的發展會非常快速，一至二年內就必須換更大的盆器。

其他補充：琴葉榕最常見的疑惑是新葉的葉面上會出現紅鏽色的零星小斑點，許多人誤以為是病斑，但通常不用擔心，那是琴葉榕在發展新葉時水分過多，引發葉面細胞受壓而破裂，紅色的斑點就是壞死的細胞形成的，通常紅斑會在葉子逐漸成熟轉深綠後轉淡消失，不過非新葉出現的輪狀斑點就要小心，那很可能就是真菌引起的病變。市場上有大葉琴葉榕與小葉琴葉榕之分，兩者養照條件差異不大。

photo by Yuty

02
Philodendron
受歡迎的｜地生型蔓綠絨

夏天的章節有介紹因為長日照而改變顏色的蔓綠絨，然而蔓綠絨的魅力不只如此，這個科屬不含交種就有多達500個原生種，其中有一群具有匍匐性主莖，會沿著地表水平生長的，我們統稱為——地生蔓。其莖跟所有蔓綠絨一樣，都有一節一節的莖節，每個節點都會發展出具長柄的葉片，不同的是因為生長方式是匍匐在地上，所以占的主要是平面而不是垂直空間；它們葉柄普遍挺拔，且會因為光源需求增高或變短，為新葉製造良好的生長空間，使得葉子不顯雜亂，葉面不太會向上斜伸，而是略有角度的下垂，擺設時可以很容易的正面觀賞到它壯闊的大葉子（不少地生蔓的葉子在亞成後寬度可以達到70～90公分），加上它幾乎只會沿著土表單一方向生長，比起需要不斷增加攀爬棒高度的攀

爬型，還有左右擴張葉面向上的直立型地生蔓，除了更適合做為室內裝飾外，管理和繁殖的操作都非常容易，使得原本過去被視為南美林間野草的地生蔓，在觀葉熱潮下大受歡迎。

林層底部的它們對陰暗環境具忍受度，但普遍喜好濕度高且溫暖的環境，尤其是有銀斑特徵的群體（白雲、西瓜普洛）對濕度還有溫度的要求高於沒有銀斑的品種，在未達濕度時容易焦葉，且容易吸引紅蜘蛛寄生，而天氣太熱新葉子也會扭曲。在種植地生蔓時不應該將主莖埋在介質裡面，因為葉子是垂直於地生主莖長出來的，掩埋主莖可能會導致新芽發展不順而腐爛。

'Completely fast.'
MONTY

Nature
Inside

Plants and Flowers in
the Modern Interior

Penny Sparke

photo by yuty

Philodendron gloriosum

[錦緞蔓綠絨]

檔案背景：錦緞蔓綠絨可以說是地生蔓的代表性植物，原產哥倫比亞，擁有醒目的白色葉脈以及細緻麂皮葉面。

養護方式：錦緞蔓綠絨能接受的溫度範圍是雨林植物中比較廣的，在15～34℃的範圍都可以正常生長，且不太挑土，當然跟所有雨林植物一樣，喜歡排水良好的介質是不變的，而因為長勢迅速（即便在台灣北部冬季15℃的時候依舊不會停止生長），介質最好帶有足夠的有機物，混入泥炭土是必要的，並且需給予足夠的肥料。在空氣濕度上它們喜歡60%以上的濕度，不過也能忍受約40%濕度的環境持續生長並且不會焦邊，這對許多許多公寓型的養殖環境是一大福音（但必須注意光照，植株不健康配上環境乾燥，長期下來還是有可能會長紅蜘蛛），光線需求屬於耐陰性好的一群（畢竟原生地在林地底層），純植物燈光照有到六小時就可以滿足基本要求了，是室內蔓綠絨中非常好養的一個品種。

其他補充：錦緞蔓綠絨的原生地廣布，被發現個體具有細微的差異，如扁柄跟圓柄，以及在葉脈跟葉形也有多脈圓葉、少脈心葉之分，但過去一直都通稱為錦緞，直到近年才開始被特別拿出來分類，新的品種名稱一直推陳出新，但不同地區的廠商命名以及個體間又有所差異，有時候看似不同但使用同一個商業名稱流通。建議在面對新品系與分類方式時，還是抱著開放的心態，以植株本身的美與自己的喜好為主，不需要因為新名稱的出現而蒐集。

錦緞蔓綠絨的葉面好似麂皮
的質地，非常高雅。

Philodendron 'Dean McDowell'

[大麥克蔓綠絨]

檔案背景：大麥克蔓綠絨記錄上是由帕斯塔薩蔓綠絨（*Philodendron pastazanum*）和錦緞蔓綠絨（*P. gloriosum*）交配產生的品種，在1988年由約翰・班塔（John Banta）培植成功，命名時使用了他的朋友「迪恩・麥克道威爾」（Dean McDowell）的名字。這個品種具有巨大的心形葉子，葉面革質且肌理起伏飽滿，這是混合了帕斯塔薩蔓綠絨的光澤感，以及錦緞明顯的白色葉脈，並且跟多數地生蔓一樣長勢旺盛，不出幾年就可以長得非常巨大。

養護方式：作為一個栽培品種，大麥克蔓綠絨承襲了錦緞蔓綠絨的優良體質，在室內和室外都能算是容易養殖的，而且在台灣，不論四季怎麼變化依舊不會影響生長（頂多冬天會慢一點），對於環境濕度的適應力雖略遜於錦緞，但也能承受至50～60%的濕度而不焦邊。整體來說養殖要求與其他易養護的雨林植物沒有不同，介質需含有大顆粒的疏水成分組成（如椰塊、樹皮或發泡煉石都可以）配上富含養分的土壤（意思是要固定給肥料）。再次強調，養大麥克蔓綠絨需要很大的空間，不論是室內還是室外……在室內擺放時常常因為體積太大容易被安放在最角落，會因通風狀態不佳，進而容易長紅蜘蛛；而放在戶外會因為葉面過於巨大夏天容易晒傷、冬天容易被寒風吹到凍傷（葉子太大受風面積也大，在室外很難避免），理想的位置是陽光不會直晒的戶外樹蔭下。

其他補充：大麥克因為生長迅速，養分消耗大，如果沒有在盆內適時地補充肥料，雖然還是會繼續生長（就連被紅蜘蛛寄生其長速也不太會停止，這點錦緞蔓綠絨也是），但葉片會呈現偏黃的嫩綠而葉脈紋明顯的狀態，那是營養不良的徵兆，除了每三個月的長效肥與使用液態肥追肥外，還可以補充例如含鈣等微量元素的肥料。

秋季植物推薦／地生型蔓綠絨

photo by Yuty

Philodendron mamei

［白雲蔓綠絨］

檔案背景：原生地在厄瓜多及祕魯，被發現在原始森林底層或蔭蔽的溪流沿岸。白雲蔓綠絨的葉柄在與葉片的交接處是呈現扁而兩側帶有波浪花邊的「翼」，葉片形狀是心形，葉面有著細緻的皺褶外，同時還有像是被銀粉塗抹的斑紋，這就是它被中文俗名「白雲」蔓綠絨的原因，而依照後來輸入於不同地區，隨著時間交種與發展，目前市面上有不同外貌的個體（銀紋面積的分布與葉形寬窄的不同）。

養護方式：白雲蔓綠絨可以適應光照環境較弱的空間，這成為在室內可以被養殖的最大優點，然而比較棘手的是氣溫跟濕度，12～30℃是它們可以接受的溫度範圍，但理想溫度是18～26℃且濕度要保持在70%以上為佳，長期低於65%很容易長紅蜘蛛，夏天過熱或濕度不夠的時候會發生新葉扭曲的狀況，在室內養殖時建議要配合加濕機以及經常擦拭葉面（檢查紅蜘蛛是否出現），除濕度問題外，介質跟光線的拿捏都跟錦緞蔓綠絨相近。生長度速度上，較無雲斑的錦緞與大麥克蔓綠絨慢（或許對空間不足的人來說這是好消息），但在環境好的情況下，它最終葉面還是可以變得很大，甚至直徑可達到70～90公分。

其他補充：同白雲蔓綠絨一樣有雲斑的還有普洛蔓綠絨（*Philodendron plowmanii*），兩者外觀差異甚小，市場上也有些外型介於兩者之間的個體，可能來自苗圃中的雜交（命名上尚未有通俗說法，所以不細提）。但在養護上，有雲斑的大都有類似的需求，喜歡高濕度（70%以上）、與溫涼環境（18～26℃）是不變的，很多雲斑的地生蔓在台灣都市環境只有春、秋能長出較完整的新葉子（冬季休眠而夏季葉子因過熱普遍扭曲）。因此以純室內養植者來說，有雲斑的地生蔓飼養門檻會比無雲斑的高。

photo by Yuty

photo by Yuty

03
Climbing plants
攀藤的樂趣

要認識攀藤植物的類型，就先知道「藤蔓植物」並不屬於單一分類或科屬，而是植物生長習性的描述，如同喬木、灌木、多肉這類用詞均是屬於是形態學用語，本章一開始所提的木本與草本植物，該歸類再加上「攀藤」這項生長特性即是我們所稱的木本攀藤、草本攀藤，並依據不同前提條件最簡單的可以分成主莖纏繞（紫藤）、卷鬚纏繞（絲瓜）、蔓性依附（薔薇）與不定根（氣生根、附生根）吸附，許多會開花、結果的攀爬植物，為了能快速獲取環境資源，大多生長迅速，且為陽性物種（爭取更多陽光所演化的），而最後一種不定根（氣生根、附生根）吸附性的攀藤即為室內觀葉植物最常見的，可以在合果芋、龜背芋、部分蔓綠絨和火鶴等植物上看到這樣的生長方式，雨林中的攀爬植物因為林層的多樣性，才發展出相對耐陰的品種，而且凡是有幼葉形到具有亞成特徵的品種，在幼年期耐陰的承受度都很優越，不過並不代表就完全不需要光，而且隨著亞成形態發展出來後，對光線的需求也會增加。

photo by Yutv

Rhaphidophora tetrasperma

[姬龜背]

檔案背景：原產於馬來西亞及泰國南部。因葉型酷似龜背芋（*Monstera deliciosa*），也常被稱為姬龜背（Mini *Monstera*），但它並不屬於龜背芋屬（*Monstera*）而是崖角藤屬（*Rhaphidophora*）。雖然兩個都是天南星家族的成員，但以親屬上它們頂多是遠房親戚，黃金葛才是血緣較近的真表哥。可以發現它們跟黃金葛一樣⋯⋯不論在野外還是室內都可以保持驚人的生長迅速，而且極其容易水耕繁殖，對新手而言是很好的繁殖練習對象。

養護方式：其生長方式都是攀爬性的，在野外爬到一定的高度也會開出微小孔洞（但這個狀況較少在室內發生），主莖強韌，除非長到超出主莖能負重的高度才會垂下來，在養植的開始甚至不用攀爬棒就可以自行生長得很好，而且一有機會找到理想的垂直面就會爬上去⋯⋯不論何種材質都可以輕鬆攀附，這點是需要留意的（我家裡粉刷過的牆面就曾被氣根破壞過）。光線上的適應性頗佳，微光的環境，或者植物燈照明區域的邊角都可以生存，但這會促使它的主莖更快延長（為了找光而徒長）導致整株的葉子數量較少但植株過高。理想的養殖溫度在15～30℃之間，它可以容忍稍冷的溫度，但也不耐10℃以下的寒流。另一個很大的優點是對於濕度的要求不高，即便是室內開了除濕機後只有40～50%的濕度也可以正常生長（當然高濕度它們也是很開心），不太會在它們身上發現紅蜘蛛，不過在水分拿捏不當或是莖條過長不健康的情況，很容易受到介殼蟲侵害。

其他補充：台灣市面上通行的姬龜背有兩種，另一種被俗稱「藍葉」姬龜背，兩者的差異在於葉片的厚薄度與生長方式，姬龜背的葉面比藍葉姬龜背大而厚實，葉片平整且具有方向的規律性；生長方式上，藍葉姬龜背的莖節比較密，使得同高度的情況下葉子會顯得比一般姬龜背多了許多，視覺上更豐盛一些。兩者在養護上沒有差異，可以依外觀喜好挑選。

Epipremnum pinnatum Variegated

[斑葉拎樹藤]

檔案背景：拎樹藤屬又名為麒麟尾屬（*Epipremnum*），如果說姬龜背是黃金葛（*Epipremnum mooreense 'Aureum'*）的表弟⋯⋯那拎樹藤就是黃金葛同父異母的兄弟了，這兩個物種的關係其實很常被擺在一起，原生地遍布東亞至南亞及大洋洲的熱帶氣候區，棲地多在海拔700至2,000公尺的雨林或岩壁地區，以發達氣根黏附支持物上攀爬，高度可達10公尺，在郊區很容易可以看到拎樹藤（當然是沒有斑葉的版本），而其本身也是台灣原生植物。拎樹藤在幼年期葉形跟一般園藝黃金葛相似，而後隨著成熟轉為狹長、出現細微孔洞，在理想的攀爬環境下（氣根有著附攀爬），新葉自然發展成羽裂的長型葉子，葉長可長達60公分，寬25～30公分。

養護方式：都說是黃金葛同父異母的兄弟了，拎樹藤對光線適應性也一樣優異，遮蔭處至全日照都能很好的生長，高溫潮濕環境生長速度較快，生長強健不太需要額外追肥，不過「斑葉」的性質，會需要使用保水性好的攀爬柱（水苔或是蛇木棒或者布料材質的），這樣才能確保白斑的部位不會快速被代謝而焦邊，另外在濕度上雖然在40～50%的濕度也可以正常生長，但會影響新葉的發展，有可能會因為環境不夠好導致裂葉的狀態不佳（變成沒有裂葉的狀態），葉片也會變小。與黃金葛一樣，不太會發現紅蜘蛛，但當盆內水分拿捏不當或環境太悶不通風的時候，容易被介殼蟲危害。

其他補充：斑葉拎樹藤被說是更好養的斑葉龜背芋，在形態的維護上，建議讓拎樹藤盡早上柱，雖然幼體期神似黃金葛，枝條也比較軟易於垂吊，但在沒有滿足氣根的狀態下，它的葉子很可能越來越小。

photo by Yuty

Syngonium podophyllum

[合果芋]

檔案背景： 合果芋是天南星科（Araceae）的合果芋屬中（*Syngonium*）最知名的成員，原產於熱帶南美洲地區，它們的種名意為「腳掌狀的葉片」，指稱它成株上分裂如足掌的葉形，英文的俗名有Goosefoot Plant（鴨腳植物）或arrowhead plant（箭頭植物），本種的葉形由幼株到成體，呈連續而多樣化的過度，幼葉呈現單葉或箭型、三叉型，成葉會轉為掌裂，具有3～5裂甚至更多裂，除了會隨株齡而異外，品種也會有所影響，有些品種在植株較小的時候就會有明顯的裂葉表現，如血斑合果芋（*S. podophyllum* 'Pink'），但也有部分只會維持箭頭型或單葉，如粉紅佳人合果芋（*S. podophyllum* 'Maya Red'）。另外合果芋的生長方式可分為：蔓性、半蔓性以及短莖直立型。

養護方式： 合果芋生命力強健，非常適合初學者養植，原生地都是依附在大樹旁邊或是樹幹上，跟黃金葛一樣能承受較低光環境，在中等至明亮間的採光下，會生長得更快，用植物燈養是不錯的選擇。水分方面，它普遍耐旱，也建議介質方面混多一點小型的疏水顆粒介質（珍珠石或蛭石）。合果芋喜歡高溫環境，一般生長溫度在15～30℃間。在冬天的時候，低於15℃度會開始生長緩慢，最低能承受5～10℃的氣溫。濕度方面喜歡高濕度，雖然也是可以承受40～50%的室內濕度，但這也會影響裂葉與氣根的發展，在野外濕度良好的狀況下，它的藤蔓可以長到一層樓高，而室內養殖時可以藉由修剪、摘心等使其發展橫向分枝，視覺上才不會只有單一垂直的莖條。

其他補充： 合果芋的品種外觀非常多樣，有各種深淺的綠外還有不同色的斑紋，如粉紅、白、黃、褐色等，在近年的觀葉熱潮下也出現了從組織培養中突變出的三色混合斑。而與同樣是多色系的彩葉芋比起來，它們更耐陰也沒有冬眠的問題，是許多熱愛收集彩葉植物愛好者的心頭好。不過想讓葉色更鮮明（尤其是有彩斑的品種），除了還是需要自然光照外，季節溫度的變化也會影響色彩的鮮豔度，普遍會在有日夜溫差（春、秋季）的環境顏色最鮮明。

photo by Yuty

id Hockney

Admission free
Broadsheet £1.50
Monday–Saturday 10–5.50
Sunday 2–5.50
Closed 17 April, 4 May
Pimlico Underground
Recorded information
071-821 7128

photo by Yuty

04

Hanging plants

垂掛好物種

垂掛植物本身分為兩種，一種屬於生長方式自然垂墜、一種是因為少了攀附的東西而傾倒，然而無論何種類型，垂掛種植其實不是我在室內常態的選擇，原因是它們往往都被擺放在難以澆水並陰暗的位置，例如書架的夾層或是櫃子的頂端，使得在養護上常常不小心被忽略而容易虛弱死亡。至於商用空間常見的腎蕨，更是我不會推薦在居家使用的植物，主因是其具有落葉性，在外因穿鞋子不會注意到，但回到家就是另外一回事了，必須因為落葉額外不停地打掃，反而變成了負擔。所以在挑選垂掛植物時，除了假的植物外，重點是要找找耐旱、不會落葉、生命力強健同時又便宜（常態更換成本低）的種類。

Epipremnum mooreense 'Aureum'

[黃金葛]

檔案背景：黃金葛，比龜背芋還要廣為人知的植物，原產於南太平洋的法屬玻里尼西亞，屬名"*Epipremnum*"的意思是在樹上，指的是植物的生長習性。而種名*mooreense*則源於它的模式產地，茉莉亞島，其後的'Aureum'指的是金黃色，指涉這個體具有的葉斑色彩。經過長久的園藝栽培，它們陸續被引進到世界各地，因為生命力跟適應性實在太強，可以攀爬到數十公尺，葉片也會相當巨大（直徑變成30～40公分），影響了地方的生態平衡，而被部分地區認定為入侵物種，也因此有惡魔的藤蔓的稱呼（Devil's Vine或Devil's Ivy）。

目前黃金葛的園藝品種有全綠的黃金葛（*E. mooreense* 'Jade'）、檸檬黃色的黃金葛（*E. mooreense* 'Neon'）、檸檬黃與綠交混色的黃金葛（*E. mooreense* 'Variegated Neon'）；而白色斑系較常見的有白塊斑型的白金葛（*E. mooreense* 'N' Joy'）、白斑且色階多的白泉黃金葛（*E. mooreense* 'Manjula'），還有撒紋型的大理石皇后黃金葛（*E. mooreense* 'Marble Queen'）。

養護方式：喜歡遮陰潮濕的環境，生命力極強，在只有日常燈光（非植物燈照）的條件下亦能生存，是理想的辦公室植物。生長溫度在15～35℃間，冬天的時候，低於15℃度會開始生長緩慢，最低能承受5～10℃的氣溫。濕度方面它們喜歡高濕度，雖然也可以承受40～50%的室內濕度，黃金葛在介質跟濕度上都不挑剔，即使在40%偏乾燥的環境中都可以生長得很好，也少有蟲害。本身耐旱亦可以自行排解土壤過濕的狀況，這對於還不太會拿捏澆水頻率的初學者是很理想的選擇。

其他補充：黃金葛在沒有修剪的情況下會長到超過一公尺以上，然而離盆土越遠在沒有攀附的情形下葉端的葉子會越來越小，整盆的形態也會因上部老葉代謝而稀疏，可以將枝條往盆裡的邊緣圍繞，並添加一些介質做覆蓋，讓氣生根發展成根部，整盆植株才會看起來較豐盛。

Philodendron hederaceum

[心葉蔓綠絨]

檔案背景：蔓綠絨屬中大多為會攀爬的成員，心葉蔓綠絨（*Philodendron hederaceum*）就是該家族中非常適合室內栽的一個種類，具有心型的葉形，枝條細軟易於垂墜，外型上的第一眼會誤認為是黃金葛，但仔細觀察，葉片比較厚而且平整，並具有苞葉（*cataphylla*），另外在葉色表現上跟黃金葛一樣有很多的選擇，市場上常見的有檸檬黃系的檸檬心葉蔓綠絨（*Philodendron hederaceum* 'Lemon'）、斑葉型的巴西心葉蔓綠絨（*P. hederaceum* 'Brasil'）、撒斑心葉蔓綠絨（*P. hederaceum* 'Variegata'），以及葉面為絨布面的黑金蔓綠絨（*P. hederaceum* var. *micans*）。

*苞葉：大部分用於保護幼葉，許多蔓綠絨跟火鶴的幼葉在展葉前都會包附於葉托，而待展葉完成後托葉會慢慢代謝乾掉，可以輕鬆的剝去，會較美觀。

養護方式：喜歡遮陰潮濕的環境，生命力雖然沒有像黃金葛那樣誇張，但也足夠適合新手嘗試了！喜歡生長溫度在15～30℃間，冬季低於15℃會開始生長緩慢，最低能承受8～10℃的氣溫。濕度方面喜歡高濕度，雖然也是可以承受40～50%的室內濕度，但會影響葉片的大小。光照的部分，蔓生型的蔓綠絨能接受較低的光照條件，不過具有斑葉特徵的心葉蔓綠絨建議養殖時放在明亮的間接光照下，且日照時間至少四小時，如此才能讓斑紋對比鮮豔明顯。長期弱光會導致斑色黯淡，且莖條徒長，如果發生上述的情形，可以剪去該返祖的莖節段，讓其重新生長。

其他補充：心葉蔓綠絨在垂吊狀態時葉子只會維持在3～7公分的直徑大小，但如果用攀爬棒的方式種植，當莖節上的氣生根有足夠的水氣時，能促使葉片變大，葉片大小可以增加到10～15公分。右圖為'Brasil'品種葉面具有黃色的中斑，近似巴西國旗的配色，因而得名。

Hoya

[毬蘭屬]

檔案背景：屬於夾竹桃科（Apocynaceae）的毬蘭屬（*Hoya*），毬蘭在中文上之所以被稱為「蘭」，並非它們在分類上跟蘭花是同一家族，而是因為生長方式像大多蘭花般屬於附生，而別具特色的是它的花具有人造塑膠的光滑感，這也使得它在英語系國家被稱為Wax Plant（蠟質植物）。

其原產地分布極廣，由寒冷的喜瑪拉雅山雲霧林，東南亞的熱帶雨林至澳洲的乾旱地區都有發現。大概有200～300種，現今園藝通行的品種多來自於東南亞，多被發現於低至中海拔的山區，這其中也有來自台灣的原生種，可見這些種類有多適合台灣的氣候環境了。

養護方式：在原生環境中，毬蘭的生長方式是附生在林層底部的岩石或樹幹上。因此，耐陰性佳，只要有明亮的散射光，就可以生長良好，不過它們不喜歡頻繁的環境變化，如果持續有出葉子，就證明該位置適合種植，不需要移動去晒太陽或轉動花盆，在家中最適合放在有短暫日照的南面窗邊。澆水方式上，毬蘭在廣泛的定義中是被列於多肉植物的，所以栽培介質以排水良好為主。使用的盆子不需要太大，澆水可務必等盆土乾了再澆，冬季需要限水，最適合大多數毬蘭的生長溫度是16～25℃，溫度低於10℃以下需防寒害。

其他補充：如果希望毬蘭開花，購買時就不要買只用一片葉片做扦插的葉苗，該方式雖然可以生根成活，但植株開花的前提條件都是該植物具有相當大小的地上部及穩定的根系（但有時在快死的時候也會開花），所以挑選時至少要帶有枝條與2～3片以上的葉子比較穩定，也會生長得較快。此外，良好的空氣濕度，花朵也才能順利開展，通常開花季節在初夏或秋天。

秋季植物推薦／垂掛好物種

photo by Yuty

photo by Yuty

AUTUMN DECOR
秋 季 佈 置

photo by Yuty

榕屬耐陰的特性，是少數適合放於室內的樹種。夏季過後當氣溫不再過於炎熱時，適合將其漸進式移入室內養殖。而在植株高度的選擇上，切記不要超過樓高的3/4，因為越靠近天花板越是光線的死角，容易導致植株虛弱落葉。

photo by Yuty

使用垂掛植物時需要衡量自身的居家習慣，若是放在平時較不易澆水的地方，建議選用便宜且容易養護的品種（例如黃金葛），並每隔一段時間做輪換位置或整個更替。

photo by Yuty

CHAPTER 3

WINTER

蓄｜冬至

01

蟲害 × 藥物 × 環境生態

一群黑色的豆蚜群聚在合果芋尚未展葉，微微扭曲的葉尖上，一旁的地上還看得到長長一排的螞蟻列隊在遷移。牠們有的抱著自己的卵，也有的是拿著白色毛毛的粉介殼蟲，這個列隊正一路走向角落的龜背芋。肉眼可見牠們已經在葉柄處安放了不少粉介殼蟲，白白毛毛的非常醒目，不過目前數量零散，不算太多，被寄生的龜背芋暫時也沒有明顯病徵。比較慘的是放在層架處的絨葉觀音蓮，葉面局部已呈現不均勻黃點，那都是被吸食過的痕跡，而且表面還有一處被覆蓋了一層薄薄像灰塵似的網子。再仔細湊近看，可以看到黃白色的顆粒在表面移動，是一群即便已經清過好幾回，還是春風吹又生的二點葉蟎（紅蜘蛛的一種）。但更令我怨嘆的是在葉鞘處似乎還有幾隻薊馬的蹤跡，唯一慶幸的是靠近牆邊的幾盆火鶴，涼爽的秋天正是它們的季節，新葉子欣欣向榮的展開……咦？怎麼有一隻蝸牛在上面吃……以上這一串像是野外紀錄的敘述是發生在我半室內的陽臺。

不比溫帶國家有凍霜期，在台灣幾乎一年

到頭都有可能遇到大規模害蟲爆發，在一開始沒有注意到這些蟲的因素不外乎兩個，一是對植物觀察不夠澈底、二是那棵植物健康狀態極佳。就跟人類在健康的時候有抵抗力，比較不容易被病毒侵擾一樣，植物在被啃食的過程中也不是吃素的，它們會分泌讓昆蟲討厭到難抑下嚥的單寧酸分子。不過只有成熟、健康的葉片單寧酸濃度高才可以嚇阻，而體弱或是還未累積足夠單寧酸的嫩葉就是常常慘遭毒手的對象。

我拿起沾過水的刷子（我也會用濕抹布，但刷子比較容易清理葉鞘）輕輕刷掉這些肉眼可見的小蟲外，還得不斷翻看葉背以及未展葉的部分，不論是蚜蟲、紅蜘蛛還是介殼蟲，牠們行動都很隱密，在檢查的時候要非常仔細……是一天中花我最多時間的環節，遇到葉子太多沒辦法一片一片檢查的，我就會拿到浴室用蓮蓬頭直接沖灑，而且清洗、擦拭的動作在接下來的一週都必須天天執行，因為還是會存有肉眼看不到的蟲卵持續孵化。此外，可以輔助的是每週一次朝全株以及土面噴灑覆蓋型

放在戶外的植物，雖然染上紅蜘蛛的
機率較室內少，但面臨的還有蝸牛、
毛毛蟲等咀嚼式口器害蟲。

的防護品，常見的是窄域油或是金吉力。施灑頻率需依照種類（葉子承受力），還有嚴重性調整，但做完這兩項就算是完成最基礎的「物理型」防治了。

此時陽臺的溫度計上顯示著25℃，是個不用擔心正午噴灑藥劑會產生藥害的溫度，一邊把剛清洗好植物們再度搬回原處，一邊納悶著明明已經過立冬了，為何冬雨跟寒流卻還沒來呢？這一週以來天氣像是春天似的，不知這跟工作室外面突然孵化出的斜紋夜蛾幼蟲（俗稱夜盜蟲）是否有關連？這種可怕的毛蟲對植物的單寧酸似乎視若無睹，食量奇大……前兩天在樹下好幾盆未休眠的彩葉芋一個晚上就被牠們吃到只剩葉柄，看到的當下我搗著心口覺得超痛心。很害怕牠們會食髓知味的遷移到不遠處地生蔓的區塊再大吃一番，立馬開車去農會買蘇力菌施灑。

蘇力菌是一種微生物製劑，長得跟酵母粉很類似，不過裡頭的菌種不是暢通昆蟲的胃，而是讓消化系統崩潰拉肚子拉到死掉（非常激烈的藥性）。這個藥劑在一九三八年問世，經過無數次改良從原本只針對單一害蟲到能廣泛用於鞘翅目，甚至動物體寄生的線蟲類皆有效用，在農業上是常態用藥。不過即使像蘇力菌這種標榜「有機可分解」以及「對脊椎動物無毒」的產品，在販售上是被歸在管制範圍內，不是輕易在賣場可以買到的商品。更別提針對介殼蟲的賽速安、紅蜘蛛的必芬

蟎這種這種成效「顯著」的化學藥劑，要想購買還得特別詢問管道。而且……越難買到的藥劑就越要當心，每當我打開我的農用藥櫃，面對這些瓶瓶罐罐內心都懊悔不已。很多都是我在剛養植物面對蟲害時，極盡所能買到的藥品。當時還未深究藥理的我，卻一心只想對害蟲趕盡殺絕！而如今在知道藥理後，那些絞盡腦汁買到的藥品有八成都沒有再用了。

仔細細想，地球上的昆蟲約半數都是植食性的，剩下一半的種類即便不吃，多數的棲地也跟植物有所重疊，其中也有對植物有益的，要在養殖過程中完全沒有蟲是不可能的事情！如果要靠藥劑的實施來完全抑制蟲害的話，過程中除了殺害目標害蟲外勢必也會影響其他小生物，像是瓢蟲、跳蛛、草蛉這些主食是蚜蟲、介殼蟲、紅蜘蛛的益蟲都會一併被殺死，甚至也會影響到以蟲為食的鳥類。一個完善的生態圈是由多元的生物性構築出來的，所有生物在生態圈中都有雙面性的存在意義，蝸牛雖常造成葉片損傷，但死後牠的殼經過微生物分解後，會成為土中鈣質的來源，同時也是植物不可或缺的微量元素，毛毛蟲的排泄物帶有能刺激植物抵禦不良真菌機制的微生物，而蚜蟲其實是許多益蟲的主食……自然中生物鏈就像命定般的悄然無聲的形成，而人類的已知僅是冰山一角。自然學家們一直警告千萬不要貿然切斷任何物種的發展，這種極端的作法對整個環境相當危險，應該抱以輔助讓兩者能共存

自然環境的害蟲自有天敵，像是瓢蟲的主食就是蚜蟲（有部分小型品種瓢蟲也會吃紅蜘蛛跟介殼蟲）。而擅用農藥也會影響這些益蟲的生態，必須警慎。

平衡的觀念才合乎自然。當然的，或許會有人提出室內圈養的盆栽較不容易影響外部的生態環境，不會讓鳥類誤食、益蟲大量死亡，但別忘了在居家空間這個生態圈中，處於搖滾區的就是我們自己。在噴灑化學用藥後，液體隨著空氣揮發，毒性會持續至少一週，稍有不慎就會殘害到人體的皮膚跟各個器官。

傍晚去了一趟工作室，停好車，經過青楓林時正巧來了一陣微風，無數個片狀的種子在高空揚起數個拋物線軌跡，它們在空中短暫的停留後就像小直升機一邊旋轉，翩翩的落降於四周。我抬頭看著已轉紅的樹梢，終於感覺到了涼意。逛行到種有地生蔓的花圃，灑過蘇力菌的錦緞蔓綠絨葉子帶有白色的漬跡，其中一片葉子的邊緣

缺了幾口，輪狀的齒痕以及花圃的砌磚上橫躺的死掉毛蟲，我看著牠們攤在一堆無法形容顏色的液體上，不得不承認心理很是暢快！此時爸爸正拉著水管要將現場髒污清理掉，卻被我阻止了，因為這攤不正常的排泄氣味會告訴其他同是吃植物的生物們……這區植物不好惹！別再來了！爸爸聽完不以為然地笑：「這樣灑藥要灑到甚麼時候？沒灑到的牠們一樣會吃啦！你看你那盆新長葉子的彩葉芋……」我順著他的手指望過去，只見一隻毛毛蟲正一口一口的大啖著新長出來的嫩芽。「明天開始要下雨了，灑藥都會被沖掉。別折騰了，根還在又死不了，該吃的就讓牠們吃吧！」爸爸豪爽地大笑。

認識常見的蟲與病害

1.刺吸式口器害蟲：

這一類是最常見的植物蟲害，繁殖能力極強。他們來自土壤、隨著風或是被螞蟻載著過來，可說是無所不在的可惡小東西們。共通點是都有針管形的口器，在寄生後開始吸食植物體內的液汁，造成葉片顏色不再鮮綠影響光合作用（缺乏葉綠素），並且還會從刺入的傷口帶入病菌，輕則造成葉片扭曲、畸形、黃化與新葉無法順利展葉等，重則是引發莖、葉腐病（細菌性病害）或傳播植物病毒。以下是養殖植物過程中，常會遇到的四大寇：

葉蟎／紅蜘蛛： 四大寇之首。做為「蟎」類，跟床上的蟎是親戚，只不過牠們寄生的不是床也不吃皮屑而是植物。葉蟎喜歡在植物葉上的凹陷處織網，這樣會利於牠們在葉面移動，所以才被稱作「紅蜘蛛」（但不是每種葉蟎都是紅色的）。葉蟎的網子很像薄薄覆蓋的灰塵，牠們就在其中活動，導致一開始極不容易發現，直到數量多到難以忽視的時候才注意到。這也是為什麼牠難處理的原因之一。空氣乾燥的

狀態之下紅蜘蛛會特別活躍，可以開懷地在葉面移動、快速繁殖、吸食植物汁液。反之，牠們不喜歡潮濕環境，因為會影響牠們移動，而因為體型很小，很容易被突如其來的水珠吸附住，所以可以用噴水防治。不過那對已經駐紮已久的紅蜘蛛來說，就是「有點困擾」而已，水蒸發後一樣是可以繼續過活的，要配合擦拭葉子才能確實減少牠們的族群數量。

介殼蟲： 牠們出現的契機通常是種植環境過於密閉不通風、土壤過濕以及螞蟻（牠們會搬介殼蟲到棲地附近）。室內環境常見的是粉介殼跟盾介殼兩類，粉介殼有白白毛毛的外型，會明顯移動，盾介殼則是有一層蠟質膜盔甲，不再移動。前者最開始會出現在葉柄跟葉子的交界，而後蔓延整著葉背到葉面；後者則是隨機出現，而且很難用擦拭的方式清除。不同於其他蟲害，介殼蟲的品種中還有專門棲息在土中的，單用擦拭葉面是無法完全阻隔蟲害。這時候就可以考慮使用系統性農藥。

紅蜘蛛喜歡在葉面的凹陷處結網寄居，被紅
蜘蛛咬過的部位會有密集的黃或乳白色褪綠
斑點（葉綠體被破壞的病徵）。

長得像粉刺的薊馬幼蟲，全年都會發生。
而因為活動緩慢所以不太被注意到。

蚜蟲：戶外的陽臺比較常出現，主要是通過隨風飄蕩的形式來進行擴散。成蟲會群聚在嫩葉、頂芽部位，爆發期是開春以及秋季（就是發葉最密集的季節）。而且蚜蟲的分泌物除了吸引更多螞蟻（帶來更多蚜蟲），帶糖分的液體很難擦拭，殘留在枝葉上會誘發煤污病。但在野外因為天敵很多，像是瓢蟲、食蚜蠅、食蟲虻、寄生蜂、蜘蛛、草蛉等都是，所以才有所平衡。比較擔心的是這些天敵在居家都市環境依然常見，遇到蚜蟲除了擦拭外，也可以噴灑含有除蟲菊素（Pyrethroid）的噴劑。不過需要注意的是，除蟲菊素對貓咪以及水中生物的傷害非常大，使用的時候要謹慎為之。

薊馬：薊馬分為卵、幼蟲期、蛹及帶翅膀成蟲的階段。成蟲因為帶有翅膀，而且體型小容易隨著風進行長距離的遷移。成蟲、卵及幼蟲都可在寄主的植物上發現，觀葉植物的葉鞘部位還有花苞都是牠們喜歡居住的地方。薊馬在野外的天敵跟蚜蟲重複性高（還多一個椿象），當然除蟲菊素（Pyrethroid）的噴劑也可以有效觸殺，也有系統性的藥可以澆灌，然而這些藥劑面對繁殖力高的薊馬，過度密集時都會出現抗藥性，建議是交叉配合窄域油做悶殺。此外，噴殺薊馬的時候同時也需要往土面噴灑，因為蛹期的薊馬是落在土跟落葉堆上的。如遇大量薊馬蟲害時，除了噴劑也可同時使用黏蟲紙來牽制飛行移動的成蟲。

2.昆蟲引發的病害：

昆蟲在吸食／咀嚼期間是會同時帶來細菌性病害跟病毒性病害的風險，在因失去葉綠素而光合作用不佳，導致植物弱化無力抵抗後擴散。爆發起來有時比起第一章提及因環境引起的真菌病害（請參考預防真菌病害P.35）還棘手。且在病發的一開始不太好分辨，導致投藥錯誤，延誤救治。最好的方式還是在發現病徵時，檢查該植物是否有害蟲侵入的痕跡，才能更準確判斷病因。

細菌性病害：細菌性的病徵跟真菌非常的相似，都會有輪狀病斑、葉枯、葉燒、萎縮等狀況。一般真菌所引起的植物病害，是可以用肉眼看到病斑邊緣有真菌菌絲或孢子；而細菌所引起的植物病害，在從傷口侵入寄主後，起大量果膠分解酵素將植物細胞壁的果膠物質分解，進而造成植物組織的軟腐或產生細菌膿的狀態。觀葉中常見的細菌性病徵是會在被害部位出現變色水浸狀斑點，迅速擴大後腐爛軟化成污泥狀。此時就需要立即切除腐爛的患處，保留還硬挺的部位並使用含抗生素（例如鏈四環黴素）的藥劑全株噴灑。但即使如此，有時細菌已經蔓延全株……投藥只能做到輔助，能否成功生還還得需要靠植株本身的抗性了。

除了毛蟲、蝸牛還有蛞蝓都屬於咀嚼式口
器害蟲，有些咀嚼式害蟲的食量極大，一
晚上就可以吃掉好幾片葉子。

病毒性病害：植物的病毒性病害一定是從傷口侵入，但途徑從昆蟲、帶病種子或消毒不乾淨的分株刀具等等都是來源，且寄宿的方式是在細胞之中，目前沒有可以根除的藥物。病毒性病害會因為病毒品種還有感染部位的不同，顯現不同的病徵。感染初期、中、後期的病徵都會受季節、環境（日照及溫度）而有所變化。不過在葉上的病徵會比較明顯，可能在脈間出現淺色，暈染狀的嵌紋，或者在正常綠色中夾雜著斑駁的淺綠色／黃白色紋路，通常斑色都不會給人乾淨俐落的感覺，但市場上有些不肖商人，會利用其嵌紋症狀，謊稱是少見的稀有斑葉，通常我們可以檢查同時葉片有沒有伴隨著漣葉、皺縮、起泡等畸形狀態判斷。而葉子以外的部位，若有矮化、簇葉畸形、葉脈透化等也屬於病毒病徵。但其實有時候這些病徵真的不明顯，而且會隨環境產生潛伏期（植物會看似無症狀），等外在環境條件再度滿足後又出現。總體來說病毒性的病害通常不至於讓植物死亡，但如果擔心交叉傳染，建議還是隔離或銷毀比較好。

3. 咀嚼式口器害蟲：

這一類大多出現於戶外，除非居住地靠山，或是養殖腹地廣闊，才會遇到大量孵化的蟲害狀況。否則在都市環境中最多就是陽臺兩、三隻的出現，要控制數量很容易，只要找到牠們將之驅除即可，不需要用到微生物農藥。常見的咀嚼式式害蟲為：蛞蝓、蝸牛、毛毛蟲。

4. 棲地與植物重疊的常見昆蟲：

小黑飛／蕈蚊：一種比果蠅小的小黑飛蟲，往往是出現在新購入的盆栽或是充滿腐質／肥力的潮濕土壤中出現，而且當土中的幼蟲變成成蟲後，整個空間都能見到蹤跡，非常擾人。幼蟲的主食是真菌與腐植質，很多資料提及牠們會吃植物的根部，但這也是因為潮濕引起根部腐壞，才吸引牠們食用，並非任意取食。幼卵的孵化條件是潮濕的土壤，所以首先就是將盆栽移到通風的地方，成蟲的蕈蚊其實很經不起戶外風吹，很快就可以驅散。至於土中的蟲卵，在植物可忍受的的範圍下盡可能多照太陽、不要再澆水，就能有效抑制卵的孵化。在室內若沒有有效的通風環境，就配合黏蟲紙將會飛的成蟲沾黏起來，以防牠們在其他盆栽內繼續繁殖。

馬陸：也是在潮濕土壤中出現的，確實有少數種類的馬陸會吃活的植物，但多數還是屬於腐食性，並非吃新鮮植物的根，不需要太擔心牠的出現造成植物損害。馬陸本身在環境中被歸類為益蟲，是土壤分解過程中很重要角色，牠們的進食與排泄都可促進微生物的化學分解。此外，馬陸的移動能將表土的細菌及真菌孢子帶入泥土深層，跟蚯蚓一樣有間接影響土壤養分的生成的能力。雖然看起來有點令人害怕，但其實是不需要特別用藥殺除的蟲子。

跳蟲：跳蟲行動敏捷，而且善於跳躍，一般會在水盤或土中發現牠們。其生成條件一定是「潮濕陰暗」和「積水」，不然就無法存活。主食是腐植質、真菌菌絲、青苔等等。沒有這些媒介是無法生存，所以只要保持環境適度的乾燥，確保家中沒有漏水、木造夾層、地板都沒有發霉，偶爾讓植物在戶外晒點太陽，避免土中水分過多，就可以有效抑制其數量。也是不需要特別用藥殺除的蟲子。

黏蟲紙對付蕈蚊非常有效。但同時也要配合
放到戶外通風的地方，讓盆內不要過於潮濕
才能抑制土內的幼蟲孵化。

藥物種類與使用

市面上的有關植物防禦與治療的產品多不勝數，名稱也是眼花撩亂。本書並不會特別提那些品牌或藥品名稱，只以商品製成的成分與原理做粗淺的歸類。要注意的是在購買這一類產品，一定要研讀其成分以及產地。不明產地的商品往往沒有台灣法規的規範，其成分都不可考，慎之。

1.植物萃取劑：

最容易買的產品之一。其原理來自自然界某些對抵抗蟲害／病害的保護機制特別卓越的植物，衍生出來的萃取液產品。雖然成分天然無害，但是單一植物的萃取液其功效比較弱，且在施撒後無法維持太久，有的也只對單一害蟲有效，無法真正抑制更不能達到任何治療效果。多樣植物萃取的複方型商品會是比較理想的選擇，但成效還是需要自行深入了解該產品的成分跟萃取植物的實際作用原理，否則安慰效果大於實際功能。另外，除了用來做於防禦或治療，這一類型產品也有延伸到營養劑的領域（請參考肥料類型P.254）。

2.植物／礦物提煉的油劑：

容易買的產品，成分都是可以分解於環境的。普遍作用是在植物表面增加一層保護，形成油膜後植株因被覆蓋，葉片質地改變，成蟲辨識不到寄主植物時，就不會在此落腳、取食、產卵，降低害蟲密度。並有一定程度可以通過毛細作用進入卵的氣孔、幼蟲、蛹和成蟲的氣門和氣管，導致害蟲窒息。不會有抗藥問題之發生，對天敵安全，與生物防治兼容。但需要定期噴灑，而且還是有一些死角，例如對在根部的介殼蟲就沒有辦法。已經很嚴重的蟲害，其作用也不大，是防禦功能多過治療的產品。能有效抵抗介殼蟲、紅蜘蛛、蚜蟲、木蝨、粉蝨、薊馬。

3.微生物制劑：

藥劑本身含有特定的真菌菌種，除了對蟲害的微生物制劑產品較不容易購買外，用於抑制真菌病害的產品就好購買的多。其功能有點像人類的優酪乳產品，不過這一類微生物製劑需要長時間使用，而且是被歸類在營養劑的類別。

4.化學製成的抗菌、殺蟲藥劑：

成分是由人工合成，雖然能有效治療真菌／細菌或殺害蟲害，但都具有深淺不一的毒性，重點是多數在環境中的分解速度慢，容易造成生態汙染。在下藥後不能直

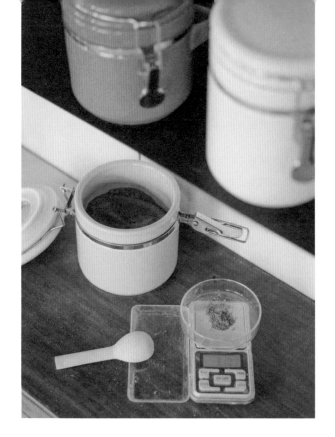

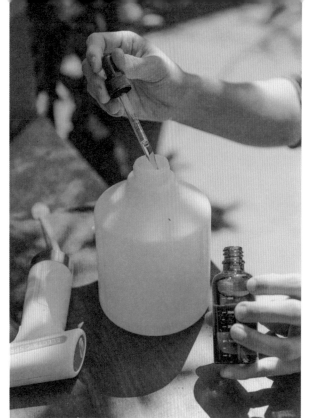

右圖：在調配藥物時可將要稀釋的液態濃縮藥品分裝有刻度滴管的玻璃瓶中，好掌控調配比例。
左圖：藥品在調製時務必遵從說明書比例做稀釋。必要時要使用電子磅秤做度量。

直接將受汙染的廢水排放至靠近水源的地方，也勿將有農藥的廢土填回戶外。

所有藥物使用須注意事項：

◇ 建議在傍晚使用，切勿在溫度超過35℃時使用（此期間植物呼吸／蒸散作用旺盛，容易產生藥害）。

◇ 觸殺性藥物，必須要確實噴施全株，但對於也存在於根部的害蟲（介殼蟲）就沒辦法了，須改用系統性農藥。

◇ 使用前先試噴在一小區塊，觀察兩天沒問題在全面噴灑（因為每個品種的葉片耐性不同）。

◇ 同一類型的藥品須間隔至少十至十四天以上。

02

根 × 介質 × 吸收作用

餐桌上熱熱的羅宋湯正冒著煙，鮮紅的湯面浮著馬鈴薯、紅蘿蔔與洋蔥，我每次在食用根莖植物時都會想起電影《La grande bellezza》的中的一幕：安靜的清晨，年邁的修女問男主角為什麼不再寫書？男主角Jep說：「因為我還沒找到更美好的事物。」修女轉開話題又問：「你知道為什麼我只吃植物的根嗎？」Jep表示不解。修女側過頭，直視他迷惘的雙眼，平靜且近乎虔誠的說：「因為根本很重要。」說完她回頭，往露臺外的晨光吹了一口氣，像是吹醒了清晨，剛升起微光中一群火烈鳥展翅飛向遠方⋯⋯回味著電影帶給我的感動，我咀嚼著紅蘿蔔，品嘗比一般葉菜擁有更多甜味的地下部，這是過去我跟植物的根最親近的時候（只是食物關係），後來開始種植物也只將注意力放在葉子上，以為那是最有生命力的部位。關於根部我所知甚少（至今依然也這樣覺得），直到養植物的第二年冬末，接手一批無根的進口植物才慢慢轉變想法。

頭一回嘗試多個種類的發根，這經驗讓我稍稍窺見了根的生長始末以及運行方式。根在吸收水分與土壤中的大量礦物質同時，也從上部的葉片所行的光能，合成碳水化合物、葡萄糖和澱粉儲存於此。然而根部也不僅僅做為一個能量儲存的器官、同時也是能消化的胃、能傳遞訊息的口，甚至是能思考的腦⋯⋯植物透過根部在介質中延展，分析著周遭礦物質與微生物的狀態，排定自體的生長順序與生存策略，一般而言，在土壤營養過剩或是水分過多時，根部反會比較沒有動力發展；反之，在營養跟水不足的狀態，為了取得成長所需的吸收則會先放棄長葉子而優先長根，這樣的邏輯可以解釋到許多耳熟的卻又不知其因的論點，比如植物在換盆後第一片新葉會先長不好（它想先長好根）、土半乾後再澆水對植物比較好（逼它往下長根）⋯⋯等如果說生命體發號指令的器官即為其意志所在，我會相信植物的靈魂必定在根部。

有些多肉植物在根部發展受阻時，
就會在莖部發展出氣根，用以替代
還未長成根部，透過吸收空氣的水
分維持生命。

完整的根系是具備主根以及側根，並依據
環境演化出不同的根系形態系統以及適應
性，比如水生根，沒有根冠也無法抓取
任何物體以固定自身，通常根系都很細少
有側根並可以在水中長期發展（例如浮
萍）；而我們種的觀葉植物都被歸類為鬚
根，沒有明顯的主根，所以不會把觀葉植
物當水土保持的植物種植。但像是有著發
達氣生根的龜背芋就比較能在鬆散的岩壁
或落葉層上發展），甚者有的氣根在高濕
度的環境下甚至可以裸在空氣中不用抓附
任何物體也能生長（萬代蘭）。而又像是
果樹類的植物，養分跟養分的需求極大，
往往使用的都是又黏又保水的田土，並且
施以重肥確保果實的結成……由此可見在
種植不同植物時所用的「媒介」均不相
同，而因為並不單指土壤，所以一般都統
稱為「介質」。

在自然界中，理想的介質結構是具備「團
粒構造」的，像是石頭、昆蟲屍體、枯
葉、樹枝、生物的其排泄物（比如蚯蚓糞
便）等等即是。這些大小不一、質地不同

的介質之所以重要，是因為可以支撐住土
下的結構，使土壤不會因為突如其來的水
產生坍塌，並在其中依然留有孔隙，達到
透氣與排水這兩點，讓根系得以在其中生
長、獲取營養。不過居家養殖的時候，不
能冒然拿戶外園土直接栽種，雖然有機成
分多但普遍透氣性差，過於保水外生態圈
也複雜，很容易帶不明的病害與蟲害風
險。要給室內植栽的根系一個好居所，必
定都需要再另外調配介質。而在混和配比
時，也必須回溯原生地的狀況去調整，不
過也會遇到查不到資料的時候，除了可以
參考源於同產地、同一屬的介質配比做初
步試驗外，也有很多商家推出調好的專門
介質可以選購。

透過混介質，可以增加排水、保肥、透氣等功能，是種養室內植物不能忽視的一環。

說回來根系，木本植物的根系廣度與深度都強過草本，有時深度甚至比土上部的莖幹高度還要深（可達10～18公尺）。但不論是哪種形態的根部，待發展成熟後（長出側根），便能開始進行吸收作用——從介質中納入水跟養分的動作。根部在吸收水的方式有兩個途徑，分別與蒸散作用、呼吸作用配合，前者是在進行蒸散作用過程葉片產生失水狀態時，整個植物體由根部至枝葉末端，水分就像一條由濕漸乾的毛巾，持續從下方（根部）往上吸水，直到整棵植物水分飽和度達到平衡，這種吸收方式是順着水勢陡度發生，根系並不存在推動，因此稱為「被動吸水」。而當地上部的蒸發作用小，無法用低水勢來牽引蒸騰時，根系會採另一個方式吸收土壤中的水分，它們會利用呼吸作用的氣體轉換來推動水從木質部流向地上部。這種吸水過程較為主動，但拉力遠小於與蒸散作用的配合，所以並不是主要吸收水分的方式。至於養分的運輸，這個運行的過程少不了附著於根面的微生物。這些微生物統稱之為菌根菌，菌根菌會將土壤中的氮和礦物有機質轉換成無機質，讓根部吸收，此時當根部有了足夠的無機質，再與光合作用所製造出來的碳水化合物一起形成蛋白質，最終這個蛋白質會構成細胞，往上發展出必要的莖與葉，以及往下發展更廣闊的根系。

看著秋季期間剛扦插的植物，一盆盆都裝在透明的塑膠盆器中等待發根。連幾波寒流使得僅存的葉片消耗得更快，有幾盆只剩一片不那麼濃綠的葉子，看起來黯淡無光。然而隔著水苔隱約看到一條白色的根系正盤旋於盆壁邊緣，它可能正絮絮叨叨地在與周遭的微生物打交道、也可能正愁於沒有更多餘裕發展新葉子，只能從舊有的葉子調度更多資源過來……這些都是我主觀的猜測，真相是甚麼無從得知。但能確信的是，它一直都在為生存思考著。

屬於附生型的蘭花，根部偏好樹皮、
水苔等透氣性強的介質。

介質的種類

1-1.土

泥炭土：主要來自於植物體在缺氧的沼澤地沉積後腐植質化，形成的泥炭層，有機質含量高於其他介質，而且土質疏鬆，保水、保肥能力較強，是觀葉植物常會運用到的土壤基質。因為碳化的製作程序能達到出廠後無病害孢子和蟲卵的狀態，不易讓幼苗感染。不過並不代表開封後不會長黴或真菌，畢竟內含有機質高，使用完務必封口並存放在乾燥處。市面上的泥炭土內容並不全部都是純土，會混入椰纖甚至珍珠石，這是為了疏鬆土質。其價差也來自不同內容物的混合，如椰纖是否經過水洗、酸鹼性質、土壤產地等等。好的泥炭土孔隙高，透氣性和保水性會優於廉價的泥炭土。

椰纖土／椰磚：椰纖土是用物理性的方式從椰子殼的纖維製作而成，是一種完全天然產生、純天然的有機介質。椰纖土疏水、透氣性都非常好，很適合用於怕悶根的植物，我自己常用純椰纖土去種植虎尾蘭、毬蘭等多肉類型的植物。而且椰纖價格低廉，不難發現在市場購得的觀葉植物多數是用純椰纖土栽種。然而椰纖土腐化程度很快，其成分天然，使用上年限較短，超過一定時間後會慢慢變質酸化，造成植物根系發展不良影響生長。如果沒有每年換盆換新土的習慣，建議基質還是以泥炭土為主。包裝上則有分散裝跟壓製成磚塊易於收納的商品形態。

赤玉土：是從火山灰堆積土壤經由高溫精煉而成的介質，這種土壤本身富含植物所需的鐵元素。製作過程需經過高溫（600～900℃），也因此成品不帶任何微生物、病菌，而且煉製的團塊結構跟多孔隙性讓它同時具有排水性好、保濕性高、透氣保肥等優點，在日本是用在高級的盆景植物上。市場上的價差來自土壤產地跟燒製溫度，好的赤玉土源自於日本，而且經過800℃以上的煉製，保質時間長不容易粉化。劣等的赤玉土硬度較低，在用一、二年後，當根系越來越密集，在鑽過赤玉土的時候，就會導致赤玉土的顆粒碎裂，降低了原本的排水性。

多肉植物有專用的多肉介質，而發泡煉石則常用於水耕。

1-2.混合配方土

培養土：其實就是調配過的土，稱呼不同於泥炭土是因其成分當中泥炭土的比例未達標準，內容物往往一半比例會有碳化稻殼或椰纖土。有針對種子發芽、香草作物、開花植物、觀葉植物等的配方，在購買時最好請先了解成分比例，並選用有商譽的品牌。

多肉土：是專門種植多肉的配方土，從細顆粒到粗顆粒都有。多肉土的單價較高，因為其內容物含有價格高昂的赤玉土跟火山石。

2-1非土介質－人工製成

人工製成的過程都會經過高溫精煉，使得出廠商品都具有無菌、乾淨的特點。使用年限、酸鹼值穩定度也較天然製成得介質高。不過所含的有機質種類就少，植物的抗性可能也會因此降低，所以另外施肥就變得尤為重要。

珍珠石：珍珠石是用石灰岩高溫煉製而成的產品。缺點是質地過輕，保水性及保肥性不足，使用比例過多時會造成盤根不穩而倒塌，且澆水時易於浮於土層表面。本身具有多孔隙性，價格便宜、排水性良好且酸鹼均衡，不易變質。

蛭石：蛭石是將雲母用高溫燒製而成的產品。具有質輕、孔隙多、保水、保肥、通氣性良好等特性。適合與土壤或其他介質混合，用於播種、扦插之苗床及一般花盆、花槽及屋頂花園用土及盒景栽培。清潔無菌、能保水、保肥又通氣。微酸性，含有相當量鈣、鉀、鎂、鐵等微量元素可供植物利用。

發泡煉石：又稱矽石，紅褐色的膨鬆石礫狀，製作方式跟材料跟陶器品類似。發泡煉石的結構有數個獨立氣孔，表面可吸附水分，而內部仍保有空氣的兩重構造，是水耕栽培期很好的輔助介質。不含微生物，清潔無菌。質地硬且不易粉碎，長久使用不變質，可作為表層覆蓋或底層疏水之用。

人工介質也可用於發根，比如圖示即
為用純珍珠石做扦插的蔓綠絨。

2-2 非土介質－天然製成

天然製成的非土介質本身有機質含量高，能完全分解於環境中，是非常環保的材質。然而在使用後的一至三年（依照顆粒跟結構的扎實程度）會開始出現分解，所含的微生物密度會大幅增加，消耗氧氣使得根部得透氣性變差，同時也會因酸化或鹽分過多而影響植物生長。使用前須考量換盆頻率。

樹皮：多數是用松樹的樹皮經過發酵再烘乾而成，廣泛用於蘭花栽培。樹皮透氣性好、天然有機、保肥能力強，使用過程中能提供可以吸收和利用的養分。尺寸有六種，最小的可以拿來單獨使用於附生性植物（例如拖鞋蘭、火鶴），中型的可以當作表層覆蓋或底層疏水之用，最大尺寸的多是拿來用於防雜草的造景舖面。

椰塊：椰子殼的粗製產品（更精緻的就是椰纖土），椰塊為天然的有機介質，對環境不會造成污染，其特點為保水性強、透氣排水皆好。不過因為產地均來自沿海，本身製造工序不比椰纖土多，會有含鹽分的風險，沒有清洗乾淨容易使根部灼傷。在使用前可考慮先以60～80℃的溫水泡開（鹽分），泡15～30分鐘後，反覆再用冷水淘洗，我一般會裝在洗衣袋裡沖洗，比較好瀝乾。

水苔：成分乾燥後的泥炭蘚，由於構造特殊，保水性佳又能保持透氣，加上自帶抑菌效果且運輸方便，是商業上很常見的介質。市面上販售的水苔產地有紐西蘭、智利、中國，但品質上並非只要是紐西蘭的就最好，還是要從價格跟商品本身狀態為準。雜質少、苔長越長、顏色不要發黑看似腐爛就是品質不錯的。使用時和椰塊一樣要先用溫水泡開、再以冷水淘洗並去除雜質。最後需要注意的是，當水苔乾燥的時候跟土很不一樣，乾燥的土壤，在水灌澆下後就可以快速浸潤，但水苔需要「浸泡一陣子」才能恢復原本的狀態。所以在混用介質時，勿將水苔跟土混用，以免造成根部無法均勻獲得水分（澆不透），且水苔在與其它有機介質混合後會加速腐敗酸化。

天然介質使用年限較短，使用
前要考慮換盆的頻率。

介質調配

調配介質就跟做餅乾一樣，在主料麵粉、奶油上會有一定的拿捏，但在糖的比例、堅果、燕麥、巧克力等等的選用就會出現分化。沒有最好吃的餅乾，只有最對你喜好的。不過在製作前終歸總要先知道其中的原理，才能有所憑據的去調整自己的配方。對於剛開始學習調介質的人，可以運用顆粒大小來做土壤疏水、透氣性的調整。因為疏水、透氣是在室內種植最需要補強的部分。其中顆粒介質的種類會再依照植物的根性、盆器的透氣程度、擺放的環境做微調。在實際取用調製時，均以單一容器的體積容量為基準，並非克重。舉例來說隨意拿一個量杯，量杯裝滿就是一份。當看到「泥炭土1：珍珠石1：椰塊1」就代表三個材料取各一個量杯，並不會因為珍珠石比其他兩種還要輕，就要多放半杯。而如果使用的用量較大，那麼就是三個材料各兩杯……以此類推。

◇ 乾性介質：土的比例低於或等於總比例的一半，其他都是顆粒介質，有時甚至也沒有土。

在養室內觀葉植物會常聽到介質需要具有一定「保水」能力但又要「排水」，剎那聽起來是矛盾的。但這是意味著介質本身有儲水結構（如赤玉土、椰塊），讓盆栽內會保有潮濕的環境，而顆粒大的特性亦能讓多餘的水會排出而不會淤積於盆內。當用的是較不透氣的瓷盆、或是擺放區域不通風、種植植栽的根性是屬於附生型的（如火鶴或蘭花），這時候就會再降低泥炭土的用量，增加大顆粒介質的使用比例。遇過不少喜歡澆水或有自動澆水系統的玩家，在種植火鶴是採用無土介質的方式，盆子裡面只有樹皮跟石頭。

蘭花、火鶴這類附生根的植物在種植時，介質的疏水性很重要。

◇ 濕性介質：土的比例高於總比例的一半，甚至不一定有顆粒介質。

用於喜歡長日照的植物，如香草植物、果樹、灌木等等，或是放在戶外空間的觀葉植物，如彩葉芋。這一類植物普遍喜肥、喜土壤濕潤，如果澆水頻率不能太頻繁，那麼就要特別注意土質的保濕。有些人會在泥炭土外添加黏性較高的園土或是腐植土，不過這樣的做法普遍用在作物上。

◇ 發根用介質：需要無菌、乾淨的介質。

通常發根用的介質不太需要具有高營養，重點在於介質不能有過多微生物，以免切口受感染。在發根介質中常見的是水苔，塞緊後可以支撐無根植物，也可以保有穩定的濕度。但缺點是在發根後要拆解不易，所以建議可以將水苔混和珍珠石1：1的使用。另外在水瓶中添加飲用水加發泡煉石也是很好的方式。

不同根性的植物，所混合
的介質也不盡相同。

03

休眠 × 植物激素 × 防寒

農曆年的時候，工作室外的欒樹與青楓已經落得一片鮮紅葉子也不剩。仰望天空時只見一條條交錯的黑色線條與零星枯葉掛在上頭，景色是一片蕭條空曠。從冬至開始，台北已經好幾週白天氣溫都沒有超過22℃，入夜溫度也幾乎在15～18℃間徘徊。大規模的生長停頓發生在這些熱帶雨林植物上；而一些喜歡溫暖的種類，例如油點百合，會從11月一路到春天（大概四個多月）都不再發新葉，老葉也完全枯黃的狀態。這樣的休眠機制，是由植物體內的植物激素（又被稱做植物賀爾蒙）引發的。植物激素存在於植物體內的各個細胞，影響組織生長的方向、果實的發育和成熟。其中掌管休眠的離層酸（Abscisic acid）會根據日照長短或溫度變化而濃度提高，迫使植物休眠（有時候不單單遇到寒流，過熱的時候也會啟動），並透過抑制植物的成長以增加對溫度變化的耐性。其他具體動作還有讓葉背的氣孔關閉時間延長，這可以減少蒸散作用讓體內水分不會流失。這時候它們的能量消耗只有夏天的百分之一，所以不管是澆水還是施肥都必須減少頻率（我在冬天只會噴灑防護性的產品，

並不會施肥）。然而，除了上述具有休眠機制的種類外，大多熱帶雨林的植物是不會因天冷而休眠的，遇到過低的溫度就是生長停頓或是直接死亡，因此需要避寒。

此外，在年節期間走春時最常見到的山櫻，就是在滿足一定時數的低溫後，啟動了體內另一個植物激素——吉貝素（Gibberellin）。吉貝素跟離層酸的消長就像拔河一樣，當吉貝素濃度開始變高後，就可以破除芽的休眠、促進果實或開花，產生一連串春化作用。然而植物激素的準備工程並非狀況當下或短短幾天成形，通常要花好幾個星期才能完成。順利的情況下，本土植物都可以藉此熬過寒冬，因為在長時間的自然選擇與演化後，對家鄉的氣候適應力良好，能夠很好的掌握本土的四季節奏。但許多外來物種就沒有這樣的機制，雖然有時會聽到「馴化」這個詞，但並不適用於與原生地差距過於巨大的環境條件。僅用一個世代是不可能可以完全適應的，必須經歷多代選拔或是加入具有更強適應性的種類血統才行。

像這個寒流來襲的日子，天氣預報說北市

透明塑膠袋套盆除了可以防寒外,也很常用
於根系不穩的植物。圖為剛扦插無根的豹紋
竹芋,因為根部尚未發展,必須利用葉背氣
孔吸收空氣中的水分。

入夜後氣溫可能會驟降到10℃……然而因為工作室位於海拔250公尺的山區迎風坡，屆時這一帶勢必然會再低2℃甚至更多。過去的慘痛經驗告訴我，這種氣溫加上挾帶風雨的日子，那些心愛的熱帶植物就會一夜垂頭甚至變成果凍狀。那是細胞壞死的狀態，有的症狀輕微還可以在回暖後稍稍恢復，但很多時候只能剪去凍傷的部位，不然幾天後凍傷的葉子壞死泛黑，大面積的傷口容易讓其他病害侵入。有效的防寒辦法就是在寒流來的前兩天停止澆水，這是為了讓根系不會因為盆內的過多水分而失溫。並且仿效厚角質層植物，為基因中沒有內建防寒機能的雨林植物噴一層油劑（窄域油或任何覆蓋性的植物油都可以）。再更謹慎一點的，也可以為戶外的植物蓋上一層防風的透明塑膠布。雖然期間多少會影響他們運行光合作用，但幸運的是平地低於10℃的時間很少超過三天，已經比動輒好幾天結霜或大雪的溫帶國家好上許多。

我抱了幾盆些微受寒的火鶴離開工作室，回到即使白天沒人也是燈火通明的家（冬天家中的植物燈是白天都開著）。室內放著的是一些怕冷的天南星科，此外還布滿了年節的蘭花以及簇擁在植物燈邊緣一些能耐陰的附生性蕨類。為火鶴挪出一區空間，並幫其他盆栽們原地轉向，植物燈的向性終究不比天然陽光的全面，有些向光性強的孩子已經朝著燈泡的方向微微傾倒，需要再反向照射一陣子才能平衡。完成後，也還不到做晚餐的時間。懶洋洋的攤在沙發上，冬至開始是我一年中最悠哉的時期，除了蟲害比其他季節少外植物的生長速度也不再那麼逼人。我愜意的吹著暖氣，看著螢幕正轉播著即將到來的元宵燈會……眉頭一簇，拿起手機看一下農民曆。啊！再一個月就要進入農忙的旺季了，該是找時間採購換盆要用的介質呢！

photo by Yuv

養殖場的果樹會靠植物激素去促成
開花結果，才有較好的賣相。

人工植物激素

天然的植物激素（賀爾蒙）本身是簡單的化合物，不難用人工方式合成。農用的植物激素產品有：生長素、細胞分裂素、吉貝素、乙烯和離層素，植物生長素跟細胞分裂素都被用組織培養，前者主要是用於促進植物根系生長，後者用來增加側芽數量；而吉貝素、乙烯用於果樹結果、果實大小跟催熟的控制；離層素則是可使幼苗暫時休眠，運送時比較不會受到傷害。多數的激素類型產品只有流通於專職的農民／培育場使用，販售通路也是有被管制，並非一般園藝店就能買到的產品。因為這一類的人工激素產品並非營養物質，不屬於肥料範疇，在戶外自然環境任意使用會影響其他原本正常生長的植物，使用過量反而會造成植物的生理週期紊亂（概念類似給人類男性吃女性荷爾蒙一樣）。然而

一般園藝興趣者常接觸或想購買的「發根」類型產品，也是激素的一種（生長激素）。目前市場上容易購得的產品其實已經不含激素的成分，而是登記在肥料範疇。要檢查其成分中是否含有萘乙酸（NAA）或吲哚丁酸（IBA），才是屬於用於生根的激素產品。

但如前述所提，植物激素並不是肥料，在自然環境下植物激素的發展是由於植物遇到逆境所啟動的自我保護機制，過程往往是在預支體內原先儲存的養分。所以激素只是用來引導植物因人為的環境變遷（如異地移植、嫁接、扦插等）的輔助品。如果太頻繁去使用，植株本身反而會虛弱，容易引起病害入侵，導致衰敗進而死亡。

夏季溫箱內除了加濕機外還需要再另
外配置循環扇並適時打開通風，以免
內部溫度過高滋生病菌。

自製小溫室

小溫室的概念來自中世紀歐洲，溫帶氣候的冬天是既寒冷又乾燥的，對於來自熱帶的植物們非常不友善。於是應運而生的就是用密閉的玻璃屋來創造微氣候，歐洲人會將溫箱放在室內靠近暖氣的位置，利用內外溫差讓內部水氣凝結，營造濕度。溫箱的使用除了滿足對穩定濕度有需求的植物外，對於根系尚未發展完全，只能靠氣孔汲取空氣中水分的（剛扦插的）植物是很好的設備。在台灣，室內的冬天不至於冷到要另外再配置暖氣，箱內的植物燈本身就帶有熱度，可保溫讓植物過冬（室內如果是20℃，溫箱內通常可以維持在23～26℃間）。反而在夏季的時候，建議只有在同空間有冷氣的情況下使用。即使加裝加濕機與循環扇，在沒有空調的有效降溫下，內部溫度可以很輕易地超過28℃。高濕、高溫又無通風的環境中，真菌的活性會過於活躍，許多觀葉植物並不耐高溫悶濕（可中溫悶濕）。那還不如放外面通風，雖然濕度不足會焦邊，但也比染上真菌病害好。最後，市面上常態的家具材質都無法承受長期高濕度的使用，鐵製品生鏽的狀況會是必然的存在，但只要在底部額外放置塑膠接水盤，平時注意擦拭積水，依舊可以使用好一陣子。

1

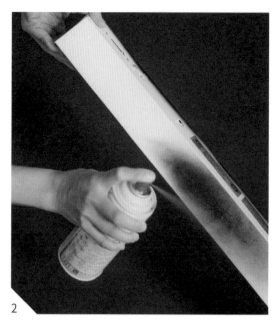

2

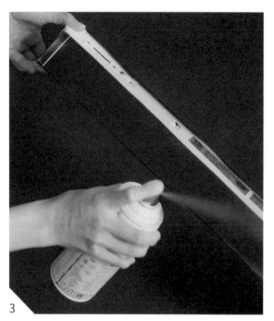

3

4

步驟：

1. 櫃體盡量找鐵製，如此一來便可以利用磁吸方式，無需打孔鑽洞即可將燈具與層架安裝上去。磁吸層架可以依照植物的生長上下調節，而燈具的部分比較重，用廚房刀架專用磁鐵較為穩固。

2-3. 如果櫃體的顏色跟燈具不同，可以用防水噴漆在側邊上色。（示範使用的是GE/40W的排燈組）。

4. 櫃體內若有外露的電線無法噴漆上色，則可改貼與櫃體同色的防水膠布。

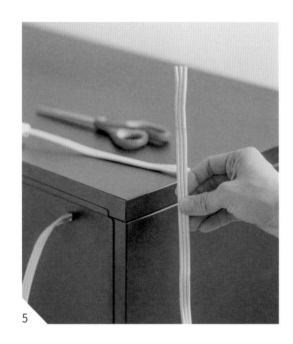

5

6

7

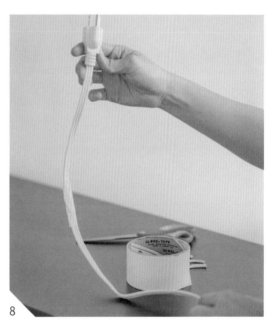

8

5. 將燈具安裝進櫃體後，需先將插頭與一部分電線（大概預留至少20公分）剪掉。並穿過預留的孔洞（如果櫃子沒有就需要自己鑽孔）。

6. 將電纜前端3～4公分處澈底分離，圖中示範的是三線電纜。用鉗子或美工刀去除外部橡皮，露出內部銅芯，並用扭轉的方式將銅芯重新接上有插座的那一頭。請注意，千萬不能讓同一個電纜接到一個以外的銅芯，只能一對一。不然會電線走火！

7. 完成後用防水膠布包緊並隔開。

8. 最後再全部綑好，插上電源即可使用。

冬季植物推薦

01. Dracaena　02. Orchidaceae　03. Polypodiales　04. Anthurium

PLANT RECOMMENDATION IN WINTER

Anthurium warocqueanum

Brassia

verrucosa

Phalaenopsis

winter

01

Dracaena

耐陰的樹II｜龍血樹屬

龍血樹屬原生於泛熱帶地區，形態涵蓋喬木與灌木；喬木者，具有樹幹和扁平的革質葉，通常生長在乾旱的半沙漠區域，目前已知最老的樹齡六千年，這一類型的龍血樹極其珍貴，並不常見；而灌木形態者，具有細莖和帶狀的葉片，則是現今常被拿來做觀賞栽培的類型。龍血樹在觀葉市場歷史悠久，但名稱非常混亂（目前市面上的俗名有千年木、阿波羅、鐵木、龍舌蘭、龍血樹、竹蕉……等）。有些外型上跟朱蕉屬（*Cordyline*）還非常雷同，導致誤植。不過這些都不影響它在市場上的流通使用，比如年節常見的富貴竹、星點木等都是龍血樹屬的成員。

灌木龍血樹在野外可高達4公尺，但在室內生長速度較慢，形態可以維持很久。如前述，龍血樹跟虎尾蘭的親屬相近，生命力非常頑強，可以數年不翻盆、不換土，持續保持植株根系發達。雖然不喜歡烈日曝晒，但也不能處於完全蔭蔽的環境以及霜寒（還是比虎尾蘭弱一點），缺光跟寒冷都會導致葉片掉落，理想位置是室內微光照的窗邊。幼期的龍血樹可以種在小盆栽中，適合放於室內桌面上。而灌木形態的在許多店面也很受歡迎，高大的枝幹讓形態看起來像小型的樹木，葉子生長方式緊湊卻不顯雜亂極好整理。

Dracaena deremensis 'Janet Craig'

[阿波羅千年木]

檔案背景：原生地位於熱帶東非，龍舌蘭科，常綠灌木狀。阿波羅千年木又被稱作密葉竹、密葉龍血樹。在幼苗期是葉片密集成簇，葉緣呈平緩的波浪狀，到葉尖會微微的捲曲起來。隨著時間形成一根像藤條一樣的莖，成株後高可達一公尺以上，莖幹直立，頂端的葉片會極為緊密的生長在莖幹上，像一把綠色花束，所以也常連莖帶葉的成為插花素材。

養護方式：阿波羅千年木適合放在間接明亮的採光，能承受陰暗的空間，就算不用植物燈補光也可以活。但葉片生長很密容易累積灰塵，一段時間需要用除塵撢清潔以保持葉片氣孔暢通。它們在室內生長速度相當慢，很怕過度澆水，但忽乾忽濕的澆水方式也會導致葉子變黃並脫落，在澆水前務必檢查土壤層下兩節手指的深度是否乾燥，並且不要一次性的澆透，平均的控水比較能長久（可以像虎尾蘭那樣，每個月一小杯義式咖啡杯的水量）。太強的冷或熱風直吹都會導致葉尖枯焦，所以不太適合放在高樓的陽臺處，尤其是冬季寒流來時一定要移至室內或是避風處。室內栽培時土質以疏水佳的介質為主，但要注意的是它們不耐有鹽分的土質，若使用椰子成分的介質，須落實前置的介質清洗。

其他補充：在剛移盆或移植時，阿波羅千年木的下部葉往往都會大量脫落，這時候也不用擔心，這是適應環境的正常現象。可以除掉乾枯的下部葉，若遇到葉尖乾枯也可以用剪刀修剪。這期間要先盡可能的限水直到葉片不再掉落後，再給適度的水量即可。

Dracaena reflexa 'Variegata'

[金黃百合竹]

檔案背景：原種的葉色全綠，是馬達加斯加、毛里求斯和印度洋島嶼的特有種。十八世紀引入世界各地，成為室內觀賞植物的歷史悠久，金黃百合竹是其斑葉選拔種，葉色表現令人印象深刻，葉具黃色白帶紋，在枝幹上螺旋排列，整體極具風格，增長緩慢的特性是小空間的首選。這個品種適應性極強，不論作為室內盆栽植物或是在庭院、陰涼的戶外場地都可以茁壯成長。這種室內植物在市場上有很多名字。常見的名稱還有百合竹、斑葉百合竹、金黃竹蕉等。

養護方式：金黃百合竹的水分需求很少，在澆水之前，一定要讓表土變乾，不要過度澆水，因為很可能會引發根腐病。在一般室內環境中甚至可以忍受乾燥的室內空氣。它可以在弱光下生存，陽光直射會導致葉片末端燒焦，而光線太少可能會導致葉片褪色或捲曲。最好在中等光線下表現最好，在室內可以用植物燈輕易養殖。喜歡全天18到28℃的溫度，但低於10℃的寒流或高溫直晒會大量落葉。整體來說……它跟虎尾蘭的養護非常相似！只是對光線需求會要更多一點點。

其他補充：金黃百合竹在戶外蠻常會開花的，不過在室內很少見。在剛移盆或移植時，下部葉可能會大量脫落，但這是適應環境的正常現象。可以除掉乾枯的下部葉，若遇到葉尖乾枯也可以用剪刀修剪。這期間也盡可能的限水直到葉片不再落後再給適度的水量即可。

photo by Yuty

02

Orchidaceae

室內一點紅｜蘭科

除了終年冰封的極圈外，蘭科的棲地遍布世界各地，大約有28,000個原生物種，其中85％分布在熱帶和亞熱帶之間，透過不同物種間，或近緣屬間交配，產生許多新的園藝品種，數量超過十萬種以上，是開花植物中品種數量最多「之一」（因為多到不確定跟菊科誰比較多，只能算是並列了），園藝雜交種在流通時通常都只用屬名去通稱（比如蝴蝶蘭、拖鞋蘭或是虎頭蘭交種這樣的稱呼，無論原生種或雜交種，大多是經過大量組培並供應後，才會出現市場俗名（如「台灣阿嬤」）。

在台灣若以花季來看，蝴蝶蘭是全年度均有，其餘多在11月至隔年4月才會陸續開花（大多集中於11至2月間），而單一花苞在冬季能維持比較久，可達到三個月不凋謝；而夏季蘭花品種較少，花期也短得多（至多十五天），但其中還是有某些夏季開花品種，例如皇后蘭（*Grammatophyllum speciosum*），花期可達一個多月。

蘭科植物的介質選用，大致可分為附生蘭和地生蘭二大類，前者為附生於樹幹或石頭上，使用水苔、蛇木板、蘭石混樹皮，如嘉德麗雅蘭、蝴蝶蘭及石斛蘭；後者是在地面落葉層方式生長，可使用水苔、樹皮，如東亞蘭、拖鞋蘭和根節蘭等。它們多數都具備景天酸代謝的生理機制，葉片肉質能耐旱，在間接光的環境不但可以生長還能開花（很多觀葉植物都難以開花），而且花期通常持久、花的結構複雜，和授粉昆蟲有精巧的共同演化……所以相較於其它植物，在世界上占據了更廣大的生育地，演化上可說是金字塔的頂端角色。

Phalaenopsis

[蝴蝶蘭屬]

檔案背景：蝴蝶蘭屬的學名是從希臘語 phalaina（蛾）而來，因為其花外觀與蛾類相似，故以此命名。本屬的原生地多為溫暖、濕潤的中低海拔雨林。在自然環境中，其著生於樹皮、樹冠、樹蕨及岩石上，生長方式是斜斜地向下生長，花和葉都懸垂空中，而並非像在市場所見的直立於盆器生長。

養護方式：蝴蝶蘭多數喜歡溫暖、潮濕且通風的環境，對光線的需求量略低於大多文心蘭、石斛蘭等。但光照、溫度與水分掌控存在著消長關系，如果天氣過於炎熱就不能忍受太過潮濕的根部環境，最好拿到通風環境養殖。在居家蝴蝶蘭栽培管理的過程中，適合放置在窗邊光環境，順利進行光合作用可以讓花期較長。它們的根是標準的附生形態，且帶有葉綠素，除了像一般植物根部一樣可以吸收水分和養分之外，還能夠進行光合作用，所以也可以用透明容器水培培植。蝴蝶蘭適宜生長及開花的溫度為18～30℃間，低於16℃以下會停止生長甚至有寒害發生，高於35℃時，通常會進入半休眠狀態或停止生長。施肥主要以液態肥料為主，蝴蝶蘭在不同的生長期對氮、磷、鉀的需求不同，一般時候跟觀葉一樣可以施氮鉀肥，供葉片生長。進入花期後則改施磷鉀肥。在培育過程中，要觀察水苔的狀態，如果變黑結構鬆散就應該更換，不然透氣性變差易造成根系腐爛，使植株虛弱甚至死亡。

其他補充：蝴蝶蘭在生長花朵時會先發展出花序，一邊長出花苞一邊延伸花序變長，有的種類花序上的花朵幾乎是同時盛放的，一次可達上百朵花齊開；有的則是續花性的，當花序有新花苞出現就會凋謝舊有的花，整串花序只會維持零星至數朵，所以在花期時，當花序還沒乾枯前都不要剪掉花梗。

適當的光照可以讓它的花更持久，以持久性來說蠟質的花會比薄瓣來得久。花色方面，大多色彩都會隨著時間稍微褪淡，尤其是黃色系，不過當溫度較低，同時又有較高的光照強度時，花色就會較鮮艷。

photo by Yuty

上圖：多花梗的大脣瓣型蝴蝶蘭是
近年市場受歡迎的品種。
下圖：蝴蝶蘭的花期普遍長，花瓣
的耐性又高可以承受人工顏料的後
染增色。

photo by Yuty

冬季植物推薦／蘭科

Paphiopedilum

[拖鞋蘭屬]

檔案背景：又叫兜蘭、仙履蘭，它們大多是地生型的，生長在森林地表或岩壁上，只有少數種類習慣出現在樹冠層上。它的外型是蘭科中最容易辨認的，正如其名，脣瓣特化成袋狀，狀似拖鞋或兜袋。花的表現上有單花或多花性，花色有白、乳白、綠、黃、紅褐等色。花瓣通常厚實帶有光澤，每一朵花的壽命可到兩週至三個月，花期多在11月到隔年3月間。有些品種因為花梗具有一定的長度，所以常被拿來在切花市場使用。

養護方式：相比蝴蝶蘭，它的根部要常保有濕潤水氣（但也不能過多水分），無法承受台灣的暴雨以及颱風侵襲，所以也不適合露天種植，最好要能有遮雨的環境。在選用植材上要選擇縫隙大的，不能保水太久的介質。一般商家都是用純小樹皮，當然也可以混蛇木屑、蘭石等大顆粒型的介質進去。這麼做是要讓根部環境有足夠空間使空氣流通，進而讓多餘水分揮發掉，它們對水的需求是少量多餐型。大多拖鞋蘭的原生地在林地或是北向的山壁上，全天為明亮散射光或只有短暫的直接日照，所以種植時要有所遮蔽，切勿忽略它地生型的根系不喜歡見光這點，若用蝴蝶蘭的透明軟盆養是會讓它的根系發展遲緩的（可以發現市售的拖鞋蘭都是使用黑色塑膠盆）。

光源來說它適合居家，不過市面種類大致有溫暖型跟冷涼型兩大類，前者在25～30℃，夜間在20℃左右，通常在三月後都還能買到的品種，較容易在居家環境養殖；冷涼型的日間溫度適宜生長在20～25℃，夜間12～18℃，台灣夏季要注意降溫，冬天寒流注意保溫，購買時節在過農曆年前，這一類北部較為適合。

其他補充：拖鞋蘭相對於一般市場蝴蝶蘭價格較貴，而且一年只會開一次花（蝴蝶蘭蠻多可以一年兩次），加上種植方法與附生型的不同，初學者如果用一般蝴蝶蘭的養法容易種死。所以在養殖空間不足的狀態下，我一般不太蓄養拖鞋蘭，尤其是冷涼型的，我的居家環境注定讓它難以度夏，只能拿來裝飾用，花期一過就會扔掉。

冬季植物推薦／蘭科

Oncidium

[文心蘭屬]

檔案背景：文心蘭具有同樣多樣化的原生棲息地，在中南美國家多樣性非常高，近年分類的變動也很大，棲地從熱帶海平面到高海拔都有，所以概括上比較難去敘述，這邊只會以台灣常見的種類來做概略性介紹。台灣目前栽培每年輸出的文心蘭切花達到1,500萬支，是世界最大文心蘭切花出口國。其中以黃色文心最多，另外也有咖啡色帶有巧克力香氣跟迷你文心。

養護方式：文心蘭有肥胖的假球莖，底下延伸出大量細白的根部。葉子從假球莖上方長出，葉長可以達到40～50公分。它們喜歡潮濕的環境，跟拖鞋蘭一樣在植材選用上要足夠疏水。一般商家都是用火山石、蘭石，當然也可以混蛇木屑、樹皮等，不過多少還是要混一點石材增加重量，免得因為葉子較高，重心不穩傾倒。澆水時除了盆內外，葉面和地面噴水也可以多噴水，增加空氣濕度對葉片和花莖的生長更有利。本身耐乾旱能力強，冬季即使長時間不澆水也不太乾死。文心蘭能夠容忍明亮或直射光，甚至可以說相比其他蘭屬更喜歡明亮的環境（跟石斛差不多），光線不夠反而花序生成的比較少。厚葉型文心蘭較喜溫暖，冬季溫度不低於12℃為佳，薄葉型的生長適溫通常為10～25℃，冬季溫度不低於8℃。開花時間多在初冬跟早春，但也有的品種在台灣全年都有。

其他補充：入冬是買文心蘭的最佳時機，購買時要觀察葉片，健康的植株在葉片表現上不會有發黑腐爛的情況。剛購入時也可以先不用換盆，等花期過後再說，不然有可能會傷到根系，縮短花期。如前述提，文心蘭對光照需求是比較高的，即使開花也最好保證每天能有四小時的穩定光照，這麼做也能延長花期。而在蓄養的第二年，進入秋季後要開始增加光照和澆水量，並且施以促進開花的磷鉀肥，才能在花季時順利產生花序。

03

Polypodiales

荒野的氣質｜水龍骨目

蕨類（Fern）出現於約四億年前，不開花也不結果，以孢子來繁殖後代。整個蕨類植物的成員中，有超過80%的現存蕨類是歸屬水龍骨目。它們多數分布於熱帶、亞熱帶地區。台灣是蕨類多樣性相當高的國家，約有六百多中蕨類，其中不乏一些世界性的稀少種類，例如筆筒樹（*Sphaeropteris lepifera*），以及特有種例如七星山蹄蓋蕨（*Athyrium minimum*）都是在北部近郊可以欣賞到的。台灣在培養蕨類上，有頗為得天獨厚的環境，水龍骨目下的科中，園藝上廣為人知的有鳳尾蕨科（Pteridaceae）、骨碎補科（Davalliaceae）與水龍骨科（Polypodiaceae），其中水龍骨科的鹿角蕨屬（*Platycerium*）是可以媲美多肉植物圈，擁有眾多狂熱的愛好者的植物。

Platycerium

[鹿角蕨屬]

檔案背景：鹿角蕨生長於熱帶低地至山地雨林或季風林，附生於樹冠層的枝幹，甚至乾燥的岩壁上。雖說大多原產於雨林中，但對環境適應力很強，被大量運用在各種園藝庭院環境中。鹿角蕨在外型上有分為兩大類：包覆式與開放式的營養葉類型，前者最常見的就是亞洲猴腦鹿角蕨（*Platycerium ridleyi*）。包覆的營養葉是呈現圓盾狀，從盾心長出的大而分叉像鹿角般的葉子（鹿角蕨類植物由此得名）。而孢子囊會在這些葉子的背面末端，或是孢子葉盤上發育，仔細看有點像絨毛或⋯⋯灰塵。第二種營養葉呈開放式的鹿角蕨，底座的葉片在頂端是敞開的，並帶有波浪或分岐狀的冠型，常見的品種有女王鹿角蕨（*P. wandae*）。而這兩種類型的營養葉在生成的一開始都是綠色的，隨著時間變成棕色並乾掉，這並不代表植株健康出了問題，而是正常現象。也不需要特地將乾枯的營養葉剪掉，放著隔一陣子會有新鮮的葉子再長出來包覆。

養護方式：因為附生於樹冠上，可以推斷出它們普遍喜歡明亮但不全天陽光直射的位置。在野外能承受大雨，雖喜濕潤，對乾旱有一定抵抗力。如果是養在室內或是遮陰陽臺，澆水頻率就會是最為需要留意的，勿讓營養葉下的水苔完全乾涸太久。幼期的鹿角蕨（指營養葉尚未成形）比較怕冷，15℃以下需要避寒，而成株後它們多數都能適應台灣四季的氣候，從10～35℃都是它們可以生存的溫度。而為了促進生長，在春季跟夏季期間，可以每個月在澆水時溶入液態肥料灌澆，入冬後則拉長到三個月給一次。

其他補充：多數鹿角蕨都會在營養葉成熟後，會從盆養換到養在立面的板子上，為的是仿效它在野外樹木或岩石上的附生狀態。每當要澆水時就需要將它從牆上（或懸掛的地方）取下，然後再放進水槽浸泡，或直到水苔完全濕潤，晾乾後再重新懸掛⋯⋯但潮濕的植板在室內很容易破壞牆面（尤其是粉刷牆）。這時候可以選擇環境適應性最佳的二岐鹿角蕨*P. bifurcatum*，然後使用盆植。盆植的重點在於盆內需要非常疏水，盆底先放一些火山石增加盆子的重量，接著再補滿純樹皮，最後放上已包有水苔的鹿角蕨，如果不夠穩固可以再用釣魚線將植株與盆綑綁加強固定。

上圖：在居家環境中使用盆植會比
上板還要好澆水，也不會使得牆壁
因為潮濕損壞。

下圖：包覆在介質上的營養葉是會
隨時間乾枯，這是正常現象，並非
植株不健康。

跟鹿角蕨很相似的鹿角石韋
（Pyrrosia longifolia 'cristata'）

photo by Yuty

Pyrrosia

[石葦屬]

檔案背景：石葦屬是水龍骨科中種類較多的屬，原生於東亞到東南亞，在台灣則是從低到中海拔的山區都可以發現。它們的特色是葉面常有濃密的星狀毛，而葉背的脈紋間有孢子囊群著生，隨著葉脈走向而呈多行多列排列。石葦一般附生於樹幹或岩壁上，在東南亞的路邊有時可見它們完全覆滿樹幹，使樹木看起來就像披了龍鱗裝甲一樣。石葦的葉片厚實，葉肉質柔軟多汁，某些石葦品種在東亞文化中是普遍的藥材。這個科屬因為植株形態特殊，適應性強而且繁衍快速，基本上只要有濕氣提供根部附著就可以生長，常被拿來營造天然森林的景觀。

養護方式：多數原生環境在樹幹中高處，所以偏好有明亮的光線。在野外能承受大雨，喜歡濕潤，但也能承受短期乾旱。大多種類都能完全適應台灣四季的氣候，從15～35℃都是它們可以生存的溫度，如果在室內養不太好，通常是空氣太過乾燥，或是剛好品種對濕度要求較高，偶爾可以朝葉子噴水或放置加濕機在側。至於介質，選用小樹皮或是水苔都可以，重點是要排水性佳。

其他補充：石葦屬中有一個品種跟鹿角蕨非常相像——鹿角石葦（*Pyrrosia longifolia* 'Cristata'），養護方式也很類似鹿角蕨，但價格便宜，養護方式簡單。且因為沒有營養葉，鹿角石葦反而能更好地入盆養殖。

Davallia

[骨碎補屬]

檔案背景：骨碎補屬為骨碎補科底下最知名的屬，原產地從日本延伸到南太平洋群島以及非洲，部分品種在冬季乾燥期或遇到寒流時會有落葉現象。有些種類根狀莖是傳統中藥，骨碎補屬植物都具有一個醒目的特徵：匍匐於樹幹或岩壁的根莖，除了被當作藥材而廣為人知外，因根莖表面或多或少會覆蓋一層像動物毛皮一樣的鱗片，有時甚至呈現毛茸茸的外觀，辨識度很高。較具知名的成員就是兔腳蕨（*Davallia mariesii*）。

養護方式：喜歡溫暖半陰的環境，匍匐生長於岩石或樹幹上。它們對水分的要求很簡單，原則上以表面兩個指節深的介質乾燥後再澆水即可。介質方面以疏鬆透氣的為主，椰塊混椰纖、樹皮等都是易於排水不錯的選擇。盆栽時介質應力求排水良好，否則也是會導致爛根。著生或岩生型的它們能適應多變的環境，大多種類都多有抗旱機制，利用發達的根莖，吸收環境中的水分並且儲藏。然而在種植時切勿將它們毛茸茸的根莖埋在土下，這會導致莖部腐爛。這個科屬在低於10℃還是需要多留意的，因為遇冷時它們的葉子會變黃脫落。好處是耐得了台灣夏季的高溫，而且少有真菌病害問題。

其他補充：骨碎補屬每隔一陣子都需要換盆一次，因為隨著時間的推移，它們的根莖可能會超出盆外，這時可以考慮換口徑更大的盆或從橫莖直接切下分株。最佳時間是春季，這期間可以換盆或分株，不要在冬季進行，因為它們冬天時生長緩慢，也會因為寒流落葉。

種植骨碎補時要將
匍匐莖裸露在土層上，
切勿將匍匐莖埋於土中。

觀葉花燭大都不喜歡強烈日光直射，
多數品種需另外用加濕器來增加環境溼度。

04

Anthurium

優雅的身影│花燭屬

本屬分布於由墨西哥北部至阿根廷北部和加勒比海部分地區,在南美北部的多樣性極高。該屬共有約1,000種以上的種類,是天南星科家族下最大的屬。在觀葉植物還沒盛行前,提起花燭屬只會想到火鶴花(也因此花燭屬又被稱作火鶴屬),兩者確實是同屬中的近親,不過一個是歸類在觀花、而我們談的則是觀葉。它們和蘭花一樣有粗大的肉質根,可吸收環境中微量的水霧,大多著生於樹幹上或岩生,也不少地生種類。管理方式跟蝴蝶蘭相似,介質力求排水及通氣力良好,否則肥大的根部容易腐爛,可以用水苔混珍珠石、或是泥炭土混發泡煉石、樹皮、椰塊等大顆粒的介質,甚至只用蘭石跟樹皮這樣無土配方養殖。觀葉火鶴在市面上有大量生產、價格實惠的大多是屬於低地種類或園藝交種。而因為熱潮興起,近幾年商家大量從產地進口或組培,但其中有很多是生長在熱帶高海拔森林,該地區終年多霧外、溫度在18~25℃間,震盪幅度極小,台灣的夏天及冬季都對它們來說太熱、太冷。除非是低地形態或交種過強健品種的後代,否則在養殖上需要投入相應的設備,像是冷房、加濕機、專業照明等等,不太適合一般興趣者嘗試。

花燭的絨面表現是非常迷人的地方，
有的葉脈還會帶有閃耀的光澤，圖為
水晶交種華麗花燭。

Anthurium 'Crystal Hope'

［希望水晶花燭］

檔案背景：是台灣國內常見的園藝交種，普遍的流通名稱是「水晶花燭」，但因為會跟原產的哥倫比亞原種水晶花燭（*Anthurium crystallinum*）搞混，所以特別翻譯成「希望水晶花燭」。兩者在葉脈表現跟養護上很容易區分，希望水晶花燭葉底色較草綠，葉脈較寬，而且粗細比較不穩定（有點像是咖啡喝太多，手不穩畫出來的），較能適應台灣的天氣、價格實惠；後者則是葉脈較細，但相對怕熱、生長更加緩慢（二至四個月一片葉子），因為未經人為特別馴化，所以在養殖上會比較難一些。

養護方式：所有觀葉火鶴都喜歡高濕度、溫涼舒適的環境，它也不例外，過於乾燥的環境可能會黃邊，盡可能讓濕度維持在55%以上，溫度15～30℃間（這已經是它們科屬中對乾燥跟溫度容忍度比較高的一員了）。

光線上希望水晶花燭無法直晒太陽，一曝晒就會變黃。在明亮的間接光線下生長最好，根穩定的狀態下平均二至四個月會有一片新葉子，雖然低光照下也可以生長，但長速會更慢。希望水晶的葉緣時常是帶有捲曲，這是正常狀況（蠻多交種會有的情況），這點跟純種的南美水晶很不一樣。不過它們對介質不會太挑剔，有時候泥炭土稍微多一點、甚至混園土也可以生長，是想嘗試火鶴的入門品種。

其他補充：希望水晶花燭成株的葉片長不太會超過28公分，但在台灣近年還另一個流通品種，是水晶交華麗花燭（*Anthurium crystallinum×magnificum*），該交種在成株後葉片表現較大，環境合適下可以達到35～40公分，甚至更大，植株葉脈也承襲水晶花燭帶有明顯的閃耀感。

Anthurium clarinervium

[圓葉花燭]

檔案背景：圓葉花燭又稱紅掌花燭。原產地於墨西哥南部，在有遮陰的岩石或土坡上生長。它的優點就是環境適應性不錯、好養護，這也使得圓葉花燭成為是火鶴屬中最受歡迎的品種之一。它的葉色偏深墨綠，正心形又帶有天鵝絨面的葉子讓人喜愛。它也非常容易開花，甚至一次跑出兩朵，但花的外型跟觀花火鶴鮮豔的色彩不同，顏色是純綠色，常讓人誤以為是新葉畸形。

養護方式：圓葉花燭的理想生長溫度在18～28℃間。但它能承受10℃的低溫也可以耐的了32℃的高溫（不過一直過熱會導致新葉畸形）。濕度上除非長期低於50%，不然很少會因為短暫乾燥而焦邊，不過良好的濕度可以讓它的葉片變更大，達到長度20公分（一般普遍是10～15公分）。光源不能太強，會影響葉片的呈色，變成正綠色而不是墨綠，理想放置處是室內窗邊，或是在溫和的植物燈光下照至少6小時。反之如果光源太弱，它們也很容易葉柄徒長。介質上力求疏水，如前述所提，它原生在岩石上，儘管它喜歡潮濕環境，但根很容易因為太悶而損壞，進而導致葉片不平整捲曲。在室內養殖時要確保介質中有混合至少一半的顆粒物，而不是土的比例較高，如此才能讓水分快速排出，只留濕氣。圓葉花燭是火鶴屬中耐性好的種類之一，非常推薦新手養殖。

其他補充：花燭屬普遍生長緩慢，但每一片葉子的壽命在正常情況下可以維持很久（跟龜背芋一樣大概可以用年來計）。圓葉花燭或是水晶花燭這一類容易養殖的品種，若遇到盆器小但葉片數量已經太多，導致整體比例不好看時，可以將下部葉齡較老的葉子剪去。它們容易追光，光照角度過於單一時葉面容易只轉某一個方向，如果要葉子均勻生長，每隔一段時間就要轉向，或是調整光源，仿照太陽的頂頭光還是最好的。

圓葉花燭適合放置於無直晒但有
穩定微光的窗邊，葉色會比較墨
綠深邃。

photo by Yuty

四種不同交種表現的圓基花燭，
在葉型及葉脈的表現上都有些微差異。

冬季植物推薦／火鶴屬

Anthurium forgetii

[圓基花燭]

檔案背景：這種美麗的盾葉種類，在哥倫比亞和厄瓜多都有明確的採集紀錄，除了早期可追溯到野生收集的個體外，近年來南美進口的大量實生植株，由於形態特徵有諸多爭議，很難肯定是否是在苗圃中與水晶花燭雜交的影響。目前在市場稱呼上只要是葉形呈盾型而非心型的都被歸類在 *Anthurium forgetii*。在養殖上它們相對其它原產於中南美洲的物種不怕熱（但還是不能跟圓葉花燭或是希望水晶相比）。在養過入門花燭後，是很推薦嘗試的進階品種。

養護方式：本身喜歡並且生長的溫度區間在18～25℃，只要在這個區間並且提供理想且穩定的濕度（65%以上），平均一到二個月都可以獲得一片新葉子（這速度在花燭屬中蠻少見的）。不過在低於15℃跟超過28℃會出現生長停滯或葉片畸形的狀況，盛夏與寒流期間建議放室內燈養，或是安置在溫箱中（請參考自製小溫室P.203）。此外葉緣帶有捲曲弧度也會發生在特定交種上，是屬於正常現象，不需要特別擔心。介質上優先選擇疏水型，混合至少一半的顆粒物，而非土壤比例較高的配方。

其他補充：大部分的圓基混種葉片大小都跟圓葉花燭差不多，只有少部分交種葉子會達到30公分以上，因此非常適合小空間。進口市場上即使同一批、同一個名稱，也有不同的交種表現，有的銀色脈紋明顯、也有的只有秀氣的同葉色凸紋脈，葉片顏色也有色澤偏深或正綠色的區別，形狀有的偏長甚至也有不圓的……。所以比起名稱還是以實際的葉片表現，做為購買基準較好。

WINTER DECOR
冬 季 佈 置

農曆年前、後是多數蘭科的開花期，像是拖鞋蘭、文馨蘭等，在冬末鄰近春天時也是嘉得利亞蘭與石斛的盛產期。且平均花期有兩週以上，很適合拿入家中做佈置。

蘭科的花序因品種不同而生長各異，像是石斛、蝴蝶蘭都是屬於花朵多而排列整齊的花序，拖鞋蘭跟嘉德麗雅則是花朵大而數量少的，擺飾時除了留意配色外，將花朵的疏、密感拿捏得當，就能營造像戶外花園一樣的繽紛視覺。

不同於葉柄長的植物必須放在水平視角的位置才好欣賞，盆養鹿角蕨即使放於低檯面依然可以觀賞到盆面的營養葉，其垂墜式的大片葉在觀葉植物中不常見，是作為垂直線條很好的佈置素材，能為視覺帶來不錯的效果。

CHAPTER 4
SPRING

初｜春分

01

微生物 × 營養 × 肥料

小心地駛在白霧之中，遠處的景色像是被宣紙覆蓋，只餘寥寥淡墨剪影。路旁原本最醒目的桃色山櫻不知何時已經落得一瓣也不剩了，如今能清楚瞧見的只有前方玻璃上鵝毛般的細雨。驚蟄這段時間，溫差擺盪之大，只要沒有太陽就是連夜一整日的雨。而即便均溫落在15～17℃，依舊無法阻撓植物們的甦醒。在經過公園時，吸引我注意的是地上滿滿的苔蘚，青翠近乎螢光的色澤在雨中特別的搶眼，即使只是遠看，也看得出來這片苔衣的厚度不一般。這個季節的豐沛雨水為它們帶來足夠的氮元素，且趁著樹木尚未長出新葉，毫無蔽蔭下苔蘚們得以獲取了全年間最佳的採光。而自然界的變化總是無獨有偶，在苔蘚的大量生成下，土中微生物的豐富度爆發性增加，這也讓同在土中的植物根系開始作用。對植物來說，活躍的微生物生態有好有壞，它們是由各種難以用肉眼看到的微小生物總稱（包含病毒、細菌、藻類、真菌等），某些微生物可以將有機質分解成無機物，然後植物就可以再將之攝取。不過有時候被拿來分解的有機質也可能是植物本身，我們所知的植物真菌病害

也不過就是自然界正常的分解過程罷了。分解在環境中相對弱勢的存在，以其血肉供給其他生命……「循環」這件事在大自然中似乎是既定的鐵則，如雲雨生成、四季更迭。

才開車門我就打了一個哆嗦，上午原本就不高的溫度，在濕冷的風吹下更顯刺骨。然而即便身處乍暖還寒時候，我卻無法得閒將息。穿上雨衣，從後車廂拿出新買的一袋有機肥，入春前的第一個農忙就是在氣溫回穩前，將戶外盆養植物通通下好有機肥，以備於植物在進入生長爆發期間所需要的營養。我首先處理的是工作室門前的一棵斑葉榆樹，前些日子它才被最後一波霸王寒流摧殘到枝幹空空如也，上週難得天氣放晴我便對枯枝稍作修剪，今日就發現餘下的細枝隱約突出了數個暗棕色新芽苞。看來確實是準備要醒了啊！我心想著，一邊打開手上寫有「蚯蚓糞有機肥」的包裝……撲面就是難以言喻的味道。就如包裝所寫，這東西的主原料就是取自蚯蚓糞便，雖說不上極臭但也不是能夠忽視的氣味。植物在生長過程中所需要的營養

春・微生物×營養×肥料

250

室內環境不適合使用顆粒的有機肥，但也有像是HB101這類較無刺鼻氣味的有機液態肥，適合噴灑或澆灌。

被細分成17種不同的元素，除了氫（H）、氧（O）、氮（N）和碳（C），這些可以透過水跟空氣來攝取。其餘的則是透過微生物分解有機質，轉化成無機離子的形態存在於介質中。像是磷（P）、鉀（K）、鈣（Ca）、硫（S）、鎂（Mg）等就是植物從土壤才能獲取的營養素。在原生環境中的土壤，通常都會具備著能支撐本地植物整個生命週期的養分。但是，如果不是地植而是盆養種植，即使有充足的水和光照，還是必須通過添加肥料來增加土壤肥力。

蚯蚓肥的好處是富含腐植酸和額外的有益微生物，長期來說能增強地力，同時吸引其他蚯蚓寄居，解決盆土板結的問題。重點是有機的肥料才能完全分解於自然環境，這點跟室內使用的顆粒化學很不同。不過，根據之前慘烈教訓，我今年不會就這麼把有機肥丟在土面上就了事，前年同期那麼做後，我的盆栽上都聚集了相當多數量的蒼蠅跟腐食性的昆蟲，加上天氣一回暖，空氣中都會瀰漫著那奇怪的味道……。蹲下身子，我在主幹跟盆緣的中間位置挖出數個一段指節深的洞，塞進些許肥料後，確實的用新土將肥料覆蓋上，在確定沒有外露後，我便拎著肥料袋轉移至其他戶外盆栽繼續執行工作了。

春雨後的地衣（苔癬）生長快速，是因為
在合適的溫度下同時也獲取雨中的氮肥。

肥料類型

肥料依照屬性分成有機與化學無機兩種大類型，前者在包裝上會特別標明有機；後者則不太會特意標註，如果不確定可以依主要成分來判定究竟是那一類型的肥料。兩者在商品形式上均有液態、固態的規格，相關之比較與優缺點列於表格：

	有機肥		無機肥	
作用方式	由微生物分解轉化後再給予植物營養		直接讓植物吸收	
商品形態	液態（需稀釋）	固態	液態（需稀釋／不須稀釋）	固態（顆粒狀）
主要成分	動植物萃取液 微生物	動植物腐植質 生物糞便 食品廢品	人工化合物	人工化合物 ＋ 塑膠
優點	1. 能活化土壤生態，給予的營養較全面。 2. 完全分解於生態中，比較環保。		1. 沒甚麼味道。 2. 作用快速。 3. 時效明確，較易於管理。（液態肥在生長季為兩週一次，固態肥約三至六個月。）	
缺點	1. 味道比較重，固態的尤其可怕。 2. 易吸引腐食昆蟲，影響居家環境品質。 3. 長霉或長香菇的機率會變高（但這對植物的健康並沒有直接影響）。 4. 固態有機肥時效不明確，除了入春時節一定會施予外，其他時間都只能看植物憑感覺使用。（液態形式比較統一，多為兩週一次。		1. 在營養上還是有所缺失，隔段時間會需要依靠換土來轉化土壤肥力。 2. 使用過量易使得土壤內微生物數量減少。 3. 固態肥料無法完全分解於自然的環境之中。	

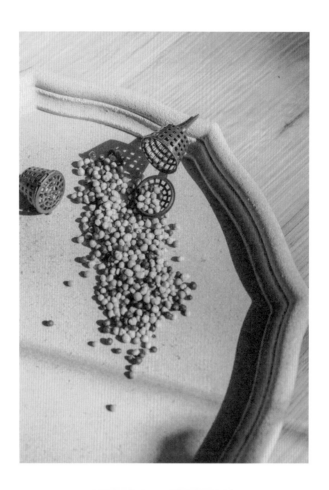

上圖：人工製成的化學顆粒肥外層多是由塑膠包覆，當遇潮濕空氣會將內部成分緩慢釋放。所以顆粒本身並不會因為時效到了而消失於土壤，建議使用時購置肥料盒才不會將塑膠汙染土質。

下圖：每三至六個月（須視肥料包裝說明而定）將肥料盒拿出，更新裡面的肥料後再按壓回盆土即可。

肥料使用

在明白了土中微生物圈與營養的關係後，可以知道家中盆養植物為何無法養到像戶外地植那樣碩大健康，若沒有適時的施肥還會越養越小。要給予就要忍受盆栽內可能會斥著各種腐臭食物、昆蟲糞便……而影響居家生活品質，這實在是本末倒置啊！故此，在居家養殖時可以選擇施以化學（無機）顆粒肥為主，有機、無機液態肥輪替使用為輔。常遇到的疑惑是在選購時因為商品主打的功能不同而讓人徬徨，累積了許多瓶瓶罐罐，比自己吃健康食品的還要多（但往往裡頭重複的產品至少有一半以上）。所以這邊就用人類的食物來比喻，或許這樣就能比較好理解這些產品的正確用法：

主餐：即含有氮、磷、鉀三元素的產品，這類商品都會標以三個數值。是植物最需要的主要營養，會因為需求而有不同數值的比例。有一個簡單的口訣是「氮長葉，磷花果，鉀長根」。這三元素在植物生長期間吸收量都很大，所以可將這類肥料當作是主要三餐。顆粒型緩效化學（無機）肥是比較方便於管理的，可依照包裝所敘述的時效更替給予，並確保整年度供應。

點心：生長期的植物就像青少年，吃了三餐還少不了點心宵夜。所以在春夏之際，如果植物不斷發新葉子，則可以隔兩週到四週（看長勢）用噴灑或澆灌的方式再補充氮、磷、鉀三元素的液態肥。冬天休眠或生長趨緩則不用給。

中藥：這種就有點調身體、改變體質（對應植物就是指土壤環境）的意味了。成分為植物萃取液的有機產品便是歸於此項目，原理是利用具優勢植物的萃取液來激發植栽產生對環境的抗性。味道比較不刺鼻，因此可用於室內、室外，作用和緩四季均能使用，使用上噴灑或澆灌都可以。

酵素：相比成分為植物萃取的有機肥，這類含有大量微生物的有機肥就「主動」許多。一般固態商品是由腐植質、生物糞便、食物廢品所製成，液態的則有生物製粉（如：燒蚵殼粉）或是含有大量微生物群。不論是液態或固態，這些成分主打著活化土內生態為主，可以間接補充到稀少的微量元素。甚至有的是放入特定真菌品種來抑制不好的病菌（就像人類吃的整胃型益生菌），一般我會在雨季或是初春使

液態的化肥作為生長季的追肥使用。有不需要稀釋可以直接使用的產品，但使用時盡量避開從盆緣滴入，因為根系有在盆邊的盤根的特性，直接接觸肥傷機率高。

用。這類商品在打開包裝後都會聞到一股一言難盡的味道，也因此固態產品我只會在戶外使用，液態產品在使用時也多是先將植物移到戶外，噴灑或灌澆完，過幾日確認味道消失才轉進室內。

除了上述這四種，市面上液態肥也有不少是由化學合成+有機萃取的複合形態肥，內含有機質外還有一定量的氮、磷、鉀，但在包裝敘述時只會寫在成分欄（像是氮3%、氧化鉀2.5%這種敘述），不會特別強調標註。在不知情的狀態下，很容易重複施灑同質性產品，造成肥傷導致黃葉。在使用任何產品時都務必研讀一下其成分組成，或是保守的在第一週用灌澆、隔兩週換成別的產品並改噴葉的方式，輪替施灑

降低風險。此外，肥料的施灑跟農藥一樣切勿在正當炎熱的溫度下進行。理想時間在一早氣溫未升高跟傍晚降溫後、太陽未完全下山前。尤其要注意液態肥的噴灑，除了CAM植物的氣孔是在晚上張開外，所有植物的葉背氣孔只在天色還亮的時候張開，入夜後閉合。如果等到下班回家才噴，就只是噴了個涼爽。最後，多數的液態肥都是需要稀釋的，比例上寧可薄肥勤施也不要一次下手太重，如果會擔心比例不好調控，可以買有色的玻璃滴管瓶做分裝（使用有色玻璃瓶是因為有機溶液怕變質），除了美觀外也較好掌握濃度比例。

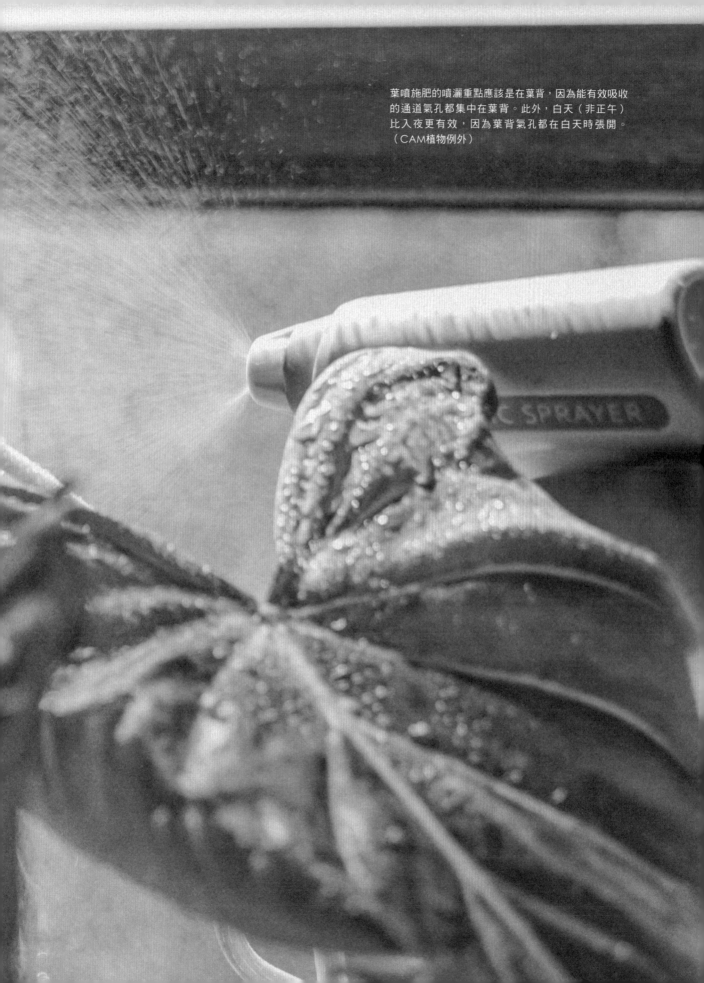

葉噴施肥的噴灑重點應該是在葉背，因為能有效吸收的通道氣孔都集中在葉背。此外，白天（非正午）比入夜更有效，因為葉背氣孔都在白天時張開。（CAM植物例外）

02

生長 × 換盆 × 空間

戶外陽光正好，雖然在亞熱帶冬日並不長，但再次感受到回歸的綠茵總讓人心情特別雀躍。兩週前還只有芽苞的斑葉榆樹除了長出無數新葉，還向外擴張延伸出更多枝條，嫩枝在顯著的日夜溫差催化下，新生擁簇出的嫩葉呈現著淺粉與翠綠漸層，整棵樹在春光下熠熠閃亮。仔細觀察，附近許多甫甦醒的植物們也或多或少在新生部位染上這美麗的粉嫩限定色，這便是春分的魔力之一。每年當太陽角度回歸於零度的時刻，對於生活在北半球的人來說，是春天正式開始，萬物漸復甦；而對南半球的人而言，則是秋天的第一天，萬籟轉俱寂。能量在這一天完成了轉化、流動，極具神性。

大好春光下，我蹲坐在花房正專心地挑除水苔雜質，一旁放一排的是一盆盆等待發落的花燭。從無根狀態養到現在大概都過了一年又兩個多月，原本盛裝的透明軟盆已經被粗壯的根系擠壓到變形浮凸。其實這批花燭在去年秋分就應該換盆、換介質了，但我就是偷懶沒去處理，如今可能要花上更多的時間來整理它們，「秋分不努力、春分淚洗面」就是這麼回事。我嘆口氣，將水洗並篩完雜質的水苔捏乾，混入與之體積差不多的珍珠石，從那排看起來就像壓縮在食品包的烏龍麵花燭群中，挑出一盆盤根錯節到我決定還是繼續包水苔養的圓基花燭。小心地將它從軟盆拿出，放在預備好的盆器，有時候會遇到葉子很多但根只剩一點點，頭重腳輕的植物；也有根很多但葉子很少又極小的情況。前者我會用合乎莖葉整體比例協調順眼的盆，但底下介質在疏水層的部分我會加厚（請參考換盆方式P.266）；後者我則還是以合適根系的生長空間的大小為優先考量，畢竟只要根健康，葉子都會再長。如果為了整體好看而限制住根系，雖然可以達到限制生長的目的，但長遠來說對植物並不健康。對於處於都市環境的人來說，更多的是遇到空間已無法容納更大的盆器問題，這時也可以透過分株繁殖來縮減植株的大小（請參考無性繁殖——扦插P.110）。而隨

春季新長的斑葉榆樹枝條帶有粉色。

著對各種植物的長勢越來越熟悉，還需要考量在不久的夏天生長季後，有的具有攀爬性的品種會變成另一個樣貌，在換盆的當下連帶攀爬棒一起入盆會更好。

處理完水苔，我開始拌新介質，聽到遠處傳來狗吠，然後接著是卡車停靠的聲音。我心中竊喜，很快的便看到爸爸抱著兩包剛到貨的泥炭土走來花房前的空地。他探頭進來，看到四散一地的舊土道：「舊土集一集給我吧！我拿去跟腐葉土拌一起種花。」我點答應，放下手邊深鏟，走過去接過那兩包土：「是不是還有兩包比較輕的？」爸爸回：「對啊，珍珠石跟蛭石都還在停車場，你自己去拿。」隨即又皺眉道：「妳不是幾個禮拜前才剛買？怎麼用這麼快？」我安置好土包，走出花房跟爸爸交錯了身，笑說：「沒辦法，過了一年大家都長大了嘛，要換豪宅給它們。」爸爸在花房環顧四周，認真地說：「沒看過豪宅區擠成這樣，這裡已經塞不下了，準備切一切、賣一賣或送一送吧！」聞言，我瞪大眼睛感覺瞳孔顫了一下，不答話，小跑步離開。

植物跟空間的平衡永遠是
需要處理的課題。

換盆方式

換盆對植物來說是件大事,尤其對木本植物而言,在自然狀態下落地生根後這輩子就在原地了。一直遷移會使根部不斷被驚擾,要花時間重建並適應新盆內的生態環境……久了生長都會受阻。為了讓衝擊因素降低,當我們在換盆以及穩根期間(至少兩週)所給予的溫度、濕度、光線最好都是它們喜歡的環境。以觀葉植物來說,普遍都喜歡22〜26℃間的溫度,上下可接受3℃的落差值,這就是均溫於這個區間的春天之所以是最好的換盆時機的原因。尤其是在春分前兩週植物準備甦醒的時候,那時生長曲線還沒有真正起來,趁它睡眼惺忪的時候換盆,就可以無縫接軌的接上回暖後的生長期。而另一個不錯的時間則是在台灣北部秋末冬初的時節(南部可能要到入冬降溫才是最佳時間了)。當然在養殖的過程中還是存在一些非常時期需要換盆,比如病菌感染、大量蟲害、介質變質等不能延誤的狀況,這時候可以利用室內空調來營造合適的溫度區間,並以植物燈還有加濕機來輔助。

步驟:

1. 當根系疑似滿盆,需要重新換盆時,尺寸以多一圈指頭寬度為最佳。若要使用更大的盆,調製介質時就需要放更多疏水性強的介質,以排解多餘空間中的水分。

2. 欲更換的植物在前一天不要澆水,太泥濘的土不好脫盆。脫盆後觀察根系狀況,如果發現反而縮根了則需要重新選盆(選小的)。

3. 取一些大顆粒介質做疏水層,甚麼材質都可以,重點是顆粒要大過排水孔,且最少要覆蓋住盆底。如果使用的是深盆,或是根系較淺,可酌量增厚疏水層。疏水層的功能就是讓水分早點排出,並且當根系滿盆時不致於因為底層積水而泡爛。

4. 放入事先調好的介質,至少要能將疏水層蓋住。而最終高度要以欲種入植物的位置為基準,即當土填盆高滿八成時,要能完全覆蓋到根部。

5. 確認好高度後,一手握住植栽並固定於盆中心,另一手則負責添加介質。可以一邊轉盆一邊進行介質添加,但過程中拿著植物的手不能隨意放開,不然會在填土的過程中讓植栽位置偏移。當添到八成高度後,須用指腹壓土面,甚至要往下探。將土與根系之間的垂直空隙填充,不要讓之後澆水時產生大的陷落。按壓的動作力道要依據根的特性跟土的結構來增減,有時候為了緊實過於施力反而傷到根系。

補充:除非原介質有病害、蟲害或是已變質,否則毋須將原土澈底清除,除了不容易損傷外,讓根帶有舊土可以讓它在早日適應新盆。

6. 確認高度無誤後,使用細口澆水壺(出水量較小),均勻地繞圈澆灌直至水逐漸從底部流出。這個步驟是要利用水壓將土壤貼合根,所以需要大量的澆灌,光用底盤不太能承接相應的水量,能在水槽進行是最好的。

盆器選擇

低溫燒製品

主　　料：瓦／粗陶／水泥

風格分類：粗曠／手作風格

優　　點：透氣、好購買、上漆料後顏色變化多。

缺　　點：會泛水鹼，累積久了會長青苔，漆料成
　　　　　　分有時候不太明朗。

半高溫燒製品（溫度未達瓷化）

主　　料：陶

風格分類：中性百搭、耐看

優　　點：半透氣、好購買、尺寸形狀齊全，較不
　　　　　　易生水鹼（但使用久還是會）。

缺　　點：均為進口價格較高，顏色選擇不多。

高溫燒製品（已達瓷化）

主　　料：陶與釉料

風格分類：可粗曠、可精緻／現代感

優　　點：不會有水鹼，表面不會生青苔形狀與顏色變
　　　　　化都多，利於主題營造。

缺　　點：不透氣，普遍沒有底盤，不一定有排水孔。

其他材質──環保盆

主　　料：天然殼物和有機顏料，主打可自然分解。

風格分類：可粗曠可精緻／現代感。

優　　點：不會有水鹼，表面不會生青苔，重量輕適
　　　　　合用於大型植栽，顏色變化都多，利於主
　　　　　題營造。

缺　　點：不夠透氣，多數品牌沒附底盤。

其他材質──編織籃

主　　料：藤或粗麻

風格分類：民俗感／粗曠

優　　點：輕量.、購買時方便，適用於大盆栽套盆。

缺　　點：需要另外加塑膠底盤，材質本身主題感太
　　　　　強，風格較單一。

03

學名 × 溯源 × 共生

養植物的最初會經歷一段需要熟記名稱的時間，像是蔓綠絨屬、花燭屬、觀音蓮屬、秋海棠屬……但這些名詞在一開始就都像是某個星系的名稱，正處於亂買興頭上的我根本記不了這麼詳細。所以當時都是以我所熟悉的人名幫它們命名。有斑的就叫班傑明、班‧史提勒、班‧艾佛列克，俗名鐵面人的花燭被取做李奧納多（該演員演過一部叫《鐵面人》的電影），青蘋果竹芋叫牛頓……我用只有我自己知道的聯想方式去做連結，這也使得它們像是被賦予了人性一樣，讓我忍不住投注更多心力。然而，隨著時間推移，植物開始產生了各式疑難雜症，我不得不搜尋起它們的養殖方法、回溯產地跟原生環境，知曉正確的學名在進入養殖初期是我的首要課題。

而在查找階段時，我才知道原來姑婆芋、彩葉芋、海芋、竹芋這些中文名字相似的植物根本就是來自不同屬的，它們分別對應的屬名是*Alocasia*、*Caladium*、*Zantedeschia*跟*Maranta*，而因為優先養的是竹芋，我就都參照養竹芋的方式照顧。不料，偏偏就是竹芋跟其他三種植物的親緣是八竿子打不到一塊的。或許是因為不熟悉，人們對於物種間的差異，在觀念上常常是模糊的，也常聽到剛接觸植物的人誤以為只要澆水晒太陽就好。若要改變這種刻板印象，用熟悉的哺乳類來比喻時就能比較理解。比如姑婆芋、彩葉芋、水芋這三種都是天南星科（*Araceae*）的植物，就可以對應成哈士奇、狼、豺，牠們即使同為犬科，但其中就有明顯不能被馴化養於室內的種類。而屬於竹芋科（*Marantaceae*）的竹芋，因為大部分都喜歡窩在角落群聚，多數品種都可以豢養，就歸類為豚鼠科的吧！像這樣隨意舉例，就是四種全然不同的物種，想必養護上便不能以偏概全了？發現這個事實後，我著實受了不小的打擊，覺得養植物實在太難了！根本像在經營動物園！然而當時因為很多植物都被取了名字、有了感情無法割捨，只好硬著頭皮去釐清它們的科屬，以此做為照護的

基礎，然後去觀察它們在生長期間彼此枝微末節的差異。也就在深究學名的過程中，讓我意外地窺見這些學者在命名時具有詩意的一面。比如大理石蔓綠絨（*Philodendron giganteum* 'Variegated'），在野外紀錄中它的最大葉片大小可以達到190公分，所以在屬名後的種加詞用了giganteum這個意味著「巨人」的語彙。而同樣也是大型品種的華麗花燭（*Anthurium magnificum*），使用的「種加詞」則來自於拉丁文的magnificus，意為splendid（華麗的），精準的形容到葉面那有銀脈外加絲緞光澤的神髓。從學名中品味到畫面感是我沒料到過的樂趣。

而隨著全球的觀葉狂熱，也開始遇到單用學名無法解釋的狀況。不論是商業包裝還是真有其事，品種的區分越來越細。像是錦緞蔓綠絨（*Philodendron gloriosum*）圓柄和扁柄、疊葉圓形和狹長心型，普洛蔓綠絨（*Philodendron plowmanii*）的雲斑和西瓜斑，帕斯塔薩蔓綠絨（*Philodendron pastazanum*）以及麥克道爾蔓綠絨（*Philodendron* 'Dean Mcdowell'）。這些品種乍看下相似性極高，就是養了一陣子的玩家也不一定馬上能判斷。而且事實是這些物種早已離開原生地區，來到不同的國家，在輾轉流離又與它地物種雜交後，若無詳細紀錄，很難追溯手上某些種類血統的正確性。但無論如何，感受植物生長、氣味、觸感，以及它們存在本身的美感，依然是園藝上我們最實在的體驗。「等你從四葉草的外型、氣味、種子，認識四葉草的根、葉、花在四季的狀態之後，你就會曉得它的真名，明白它存在的本質，這

比知道它的用途還重要。」這是科幻小說《地海巫師》（*A Wizard of Earthsea*，Ursula Kroeber Le Guin, 1929-2018）中的一段對話，書中有一個最特別的概念，就是萬物都有其真名，但是真名並不能被相互言傳於人言中。都必須透過巫師的靜默觀察，彼此的靈魂相互敲擊，在了悟本質後才正確的念出具有力量的語彙，並能驅使它們為己所用。於我而言，植物的世界如同那本書的世界觀一樣，魔幻又神奇。我時而被自然的力量感動到泫然欲泣、又時而徬徨於自己的無知。我想要能獲得來自它們的迴響必定要花上比現在更多的年歲，而這過程我只能盡可能地敞開五感、靜默觀察。

此時，已然是五月中了，春季的尾聲，我的農忙行程就排定了遮陽、降溫、擦拭葉子跟噴灑預防用品。來到工作室，只見爸爸已在綠蔭中跑進跑出，看他揮汗如雨的樣子，想必是很早就開始打理了。自我有記憶以來，他在整理植物時都不太確認日期節氣，身體在感應到溫度跟光影的改變時，就會自發地動了起來。「都這個點才來。」熟悉的對話再度響起。看著他拿著大園藝剪大刀闊斧的修砍，我納悶：「你怎麼知道現在要剪？而且要剪哪邊你怎麼確認的？」爸爸大笑回：「我就是知道啊！」

必須要有實際觀察經驗才能馬上區分
的地生蔓，有的甚至要到開花用花色
才能區分。

植物學名

基本寫法：不同於俗名，植物的正式學名命名規則上有特定的形式，稱為二名法，由屬名加種名構成。屬名常見為名詞或者以人名作為語源等等，若使用它語言的名詞，則必須拉丁化；種名則需配合屬名的性、數、格來締造。在寫法上，屬名首字母大寫，其餘字母與種名均為小寫，正式書寫時，屬名、種名應以斜體強調，其後再加上正體的命名者之名，但一般使用時通常省略，如圓基花燭：*Anthurium forgetii* N.E. Br.。

交種寫法：同屬交種會用×來銜接兩個親本。例如：*Anthurium crystallinum*×*magnificum*，然而有些天然雜交種，或者園藝上的交種被給予交配組名，例如：*Anthurium papillilaminum*×*warocqueanum* 或兩者的反交的交配組名即是*Anthurium* Dark Mama；又或者*Anthurium papillilaminum*×*rugulosum*＝*Anthurium* 'Canal Queenl'。

栽培種與品種名：栽培種是經人為在同種間選出，挑出其中具有某種突出特徵的個體，（斑葉、脈紋特色、葉形等），在經過一定評估，例如特徵的穩定度及環境適應性，便可賦予該個體品種名。品種名會加上「'xxxx'」符號並寫在種名的後面，以正體書寫。如泰國斑葉龜背芋：*Monstera deliciosa* 'Thai Constellation'。品種名不得含有以下的字：雜交（cross, hybrid）、突變（mutant, transformed）、群（grex, group）、型（form）、品系（strain）、選（selection）、品種（variety）、改良（improved）、幼苗（seedling）等字句。

屬間雜交寫法：蘭科裡屬間雜交的狀況相當普遍，而且常常是隔代下來擁有三個甚至以上的不同屬雜交而來。為了方便管理，便將雜交蘭花的命名簡化，由兩個屬的雜交品種，屬名就由兩親本的屬名合成，若是四個（以上）屬所雜交而成，則由育種者自行命新名，但須以-ara結尾。

其他學名語句補充：
sp.或spp.：寫在屬名後面，代替種名。sp.表示這個屬單數的未知物種，spp.是複數，是指這屬下面所有不特定多數物種，可以是未知或是已知的統稱。為用於原生種的寫法。

學名為 *Monstera deliciosa* 'Thai Constellation' 的泰國斑葉龜背芋，中文俗名就是從品種名而來。

photo by Yuty

蘭科的園藝品種超過十萬種以上,學名書寫方式較為複雜,市場都只用屬名敘述。圖中品種均屬於蝴蝶蘭屬(*Phalaenopsis*)。

var.：為varietas的縮寫，以正體小寫表示，寫在種名後，變種名之前，指的是分類單元中，低於種下階級的變種，例如：*Thalictrum urbaini* var. *majus*。

cf.（conformis）和aff.（affinis）：寫在種名之前，兩者含意接近，皆指涉「近似」某物種，但有點不太一樣，例如：*Anthurium* cf. rotolanteum。

×sib.：同種間不同個體的對交（蘭花常見），例如*Polyrrhiza lindenii×sib*。

FCC/AO：寫在所有敘述最後。專指蘭花的授獎記錄，FCC表示90分以上，而AOS則表示是美國蘭藝協會，全世界有許多不同蘭花協會各為不同英文縮寫，授獎縮寫也會有所不同，寫法如*Cattleya trianae* 'Mooreana' FCC/AOS

風格家飾

水耕瓶
插花試管
品　　牌：Two's Company（USA）
來自美國的家飾品牌，原用於插花的器
皿，但小枝條植物的水耕也是相當好用
的！竹節造型的支架非常耐看精緻。

水耕用支架
品　　牌：the botanist and her thieves（SG）
看起來相當不起眼但非常實用好用，
能幫助植物直立於水面而不會讓葉子
浸水。商品原創於新加坡的植物自有
品牌。

木架
兩用木架
品　　牌： plant more plants（TWN）
　　　　　上下翻轉可營造不同高度的木架。

植物木凳
品　　牌： plant more plants（TWN）
　　　　　仿效歐洲的花台架，風格更適合現代
　　　　　居家。可以堆疊或是當作凳子使用。

燈具
軌道吊燈

品　　牌：kimu（TWN）

　　可以安裝植物燈炮的軌道吊燈。紙燈罩為磁吸可拆式，能阻絕植物燈過於刺眼的狀況，營造室內不同的氛圍。

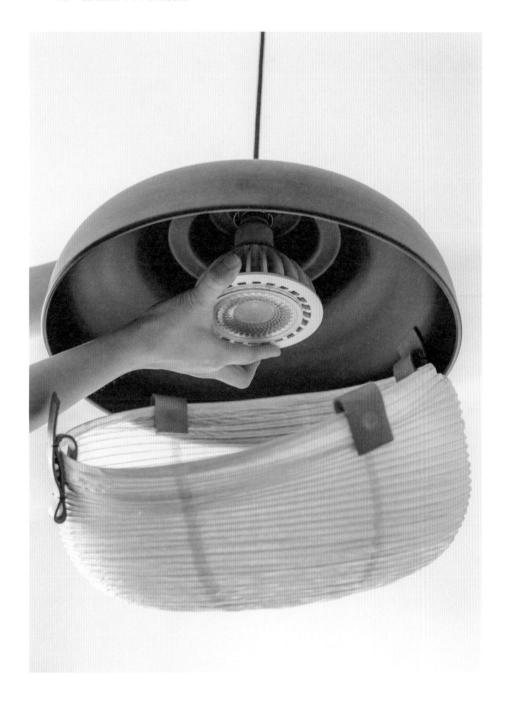

春季植物推薦

01. Alocasia　02. Marantaceae　03. Begonia　04. Your mini garden

PLANT RECOMMENDATION IN SPRING

Begonia

Alocasia

Zebrina

Maranta leuconeura

Calathea Triostar

Spring

01

Alocasia

有感生長 ｜ 觀音蓮屬

多數園藝的觀音蓮屬原生地來自赤道一帶，不耐寒是普遍的特性。在台灣若地處於北部或是養殖在高海拔山區，到了低於15℃時會有生長緩慢、新葉變小等類似冬眠的情形。觀音蓮屬還有一個特點就是發新葉的速度快而葉子的壽命較短，葉片壽命平均只有一至三個月，然後就會開始下垂、變黃然後乾枯。冬天常見的狀況是生長的速度跟不上葉子老化代謝的速度，極有可能整盆只餘下一片葉子，很令人焦急，但這是觀音蓮生長的正常現象，只要確定根部沒有受損（泡水泡爛、寒害等），即便冬天都沒有葉子，到了春季回暖後依舊能再長回來。以整體生長速度及環境喜好還有來說，跟同科的彩葉芋屬（*Caladium*）蠻相似的。同樣也是在溫暖的環境生長速度飛快，有些種類甚至可以長到3公尺高。

觀音蓮屬的外觀很好辨認，有著柔韌細長的葉柄和倒心形或箭頭形的大葉子，葉片或革質或厚紙質，表面則有絨面或光面等多樣質感，有的在葉片脈紋上也有精緻獨特的表現，例如凹陷的刻脈。除了葉柄跟葉子外幾乎是看不到它的主莖幹，這對於一開始試圖想為觀音蓮斜扦插繁殖的人而言會感到疑惑。事實上除了繁殖場多用組培外，普通興趣者不太用扦插的方式繁殖，極易因為細菌感染而失敗。一般都是在養到一定的大小後，它們在地下莖會分生出子球，若環境足夠溫暖適宜，不到一個月就會有子株從母株身側冒出，屆時再將植株從盆內脫出，進行分株即可。不過在溫暖的地區，有部分觀音蓮在養殖多年後會形成粗大的地上莖，那個部位就可以用做扦插，比如觀音蓮屬最為人所知的姑婆芋即是。在整理觀音蓮盆栽時，位置越是靠進土層葉齡越大，修剪時應是從底下開始著手，切勿從頂端進行。另外，也不需要擔心如果剪過後留下的一小截葉柄連接處，待一段時間後，餘下的葉柄會自行乾枯，稍微剝開就可以脫落了。

Alocasia odora

[姑婆芋]

檔案背景：姑婆芋的原產地在南亞到東南亞，這其中也包含台灣。而且不僅僅在郊區，都市角落其實也都看得到它的蹤跡，甚至每隔一段時間都會有民眾將它誤認成可食的芋頭，導致中毒而上新聞。可說是最廣為人知，並印證天南星科有毒的成員了！在野外的姑婆芋高度可達兩公尺以上，葉片寬度可近一公尺，挺拔的莖幹更能襯托出葉形優美，又因為是本土型植物，耐陰又容易養護，是庭園造景常見的植物。而斑葉姑婆芋是眾多斑葉品種中，生長快速又容易有側芽的，只要環境得當可以獲得很大成就感的品種。

養護方式：不同品種的觀音蓮對於光照的需求也不一，姑婆芋剛好就屬於需光照時長較長的一類，如果光線不足它們的生長速度會緩慢，斑葉品種的斑紋表現也會變的不明顯，甚至極端一點還會出現全白的葉片（此時先不要太開心，葉片長期缺乏葉綠素是會死的），同時也非常容易吸引紅蜘蛛的寄宿。姑婆芋在戶外其實不擔心澆水過度，它們在根系健康的狀態下，澆水的隔日會發現葉緣有許多水珠，那是泌液作用造成的。這是草本植物調節根處／體內水分的正常現象，在許多天南星科都蠻常見的，只是觀音蓮屬特別發達，「滴水觀音」這個名稱的也是由此而來。然而到了室內環境，不通風的狀態下就不能讓土壤過度潮濕，跟一般觀葉一樣需要土乾才澆水。到了冬天也需要適度的限水才行。20～30℃是最適合姑婆芋的生長環境，若是溫度到15℃以下會進入休眠，水分需求也會下降許多。冬天的時候姑婆芋普遍生長滯緩並且容易掉葉子，不過到了春天之後它們就會恢復了。

其他補充：姑婆芋的原生環境多是在池塘或溪流附近，對於土壤的肥力需求很大。相信很多人嘗試將野外的姑婆芋挖回家種，但不出一兩個月就會產生適應不良。這其中除了光線的變化過於劇烈外，一般我們的混合土跟野外含有豐富有機物質的土壤很不同。如果要將野外的植物拿到室內是要循序漸進的馴化。最好是在室內外溫差不大的初春執行，首先要先連土帶植的挖起來放在戶外一陣子，等根系穩定後再慢慢的移到建築遮光處（依然在戶外），換成適合室內的土後再等其穩定生長，最後才將它放到室內有明亮採光處。越大棵越不好移植，小盆的適應力會較好，挖起來後可以換成室內用介質，在陽臺做二至四週的光馴化後即可移入室內。但以長期養殖來看，還是建議每隔一段時間（二至四週）將它放回戶外潮濕的遮陰處會較健康，也能有效避免紅蜘蛛。

Alocasia scalprum

[甲骨文觀音蓮]

檔案背景：原產於菲律賓薩瑪島。被歸類於小型根莖草本植物，植株高度約為30公分左右。它的葉子硬而厚實，葉紋脈絡複雜，與其他觀音蓮相比，形狀較窄，葉長15～25公分。新葉稍淺，但會隨著時間逐漸變成略帶咖啡紅的深綠色。早年價格相當昂貴，幸而近年國內出現組培才廣泛流入市場。

養護方式：同樣是觀音蓮，姑婆芋的光照需求要長，比較適合在戶外，甲骨文觀音得益於它葉片適應原生地陰暗的特化構造，較能忍受照明不良的室內。但需要留意因為盆土過濕與空氣不流通所引起的真菌病害。它們最佳生長的溫度範圍在16～30℃，到了冬季15℃以下就會進入休眠，生長滯緩並且容易掉葉子，跟能適應台灣冬季的姑婆芋不同，來自菲律賓的甲骨文觀音蓮如果在寒流下不好好保暖可能就直接縮根死亡，到了春天也不會復活。選用室內養殖的介質時，需要用排水良好的成分，但因為生長速度較快，同時也要具有一定的保肥能力。一般的配方會是泥炭跟疏水介質各占一半，當然也有的是用水苔混和珍珠石，那會更好控制澆水，不過缺點就是日後不好拆水苔就是了。

其他補充：觀音蓮屬中像是甲骨文觀音蓮與黑絲絨觀音蓮（*Alocasia reginula*）都是屬於葉柄較短的品種，不會像姑婆芋或是斑馬觀音蓮那樣長高到一公尺以上，形態上來說更適合小空間或是書桌上。然而也因為莖部較短，當根部遇到障礙（太乾缺水或太濕爛根），彎曲時也不容易發現，這時候就要留意葉片是否有捲曲不平整的情形，若有上述狀況就需要翻盆查看根系的生長情形。

Alocasia zebrina

[斑馬觀音蓮]

檔案背景：原生地在菲律賓，並且生長於山地腐植質堆積的岩隙土坡上。過去斑馬觀音蓮因為被大量野採導致數量漸少，好一陣子價格居高不下，然而現在也通過繁殖或組織培養大量進入市場。斑馬觀音蓮的葉子是狹長箭形的，最具特色的是它的葉柄紋路，是由深綠色和米色的條紋交錯的紋路，「斑馬」的名稱也因此而來。在野外可它長到大到兩公尺高，葉面長達90公分，在入春均溫超過20℃後，是生長相當快速的品種。

養護方式：斑馬觀音蓮對光照的需求跟姑婆芋比較類似，都需要有遮陰但日照時長至少有五小時的環境。高濕度有利於葉片變大，但是可以忍受50%上下的溼度。溫度上，20至25℃是生長最好的區間，它們較能耐寒，當溫度低於10℃才需要拿進室內避寒。在室內的時候要注意不要過度澆水，它的葉柄可以儲存一定的水分。夏季葉子長得快而舊葉汰換的頻率也高，老葉的葉柄呈現微彎的狀態是常見的，可以用鐵絲輔助支撐以維持美觀。然而當新葉子的葉柄也下垂時，就要注意它的根系跟土壤狀態是否太濕或太乾。此外，在生長季也需要每隔兩週額外追肥。否則很容易出現葉色偏淡或葉色不均的情況。在環境條件好跟營養補充充足的狀況下，它一個月能長出1～2片的新葉子。

其他補充：斑馬觀音蓮這種在排水良好的薄層土壤上的品種較排斥鹼性的水質跟介質，如果所在地區的水質是硬水，建議使用過濾後的水澆水。另外因為原生地的地質特性，在盆養的時候要避免急於將它移至比根系大太多的容器中。盆器的尺寸不一定會越換越大，有時候一個冬天後根系反而縮小了，這時空間太大反而更容易存積水分，加速死亡。

02

Marantaceae

互動極佳｜竹芋科

竹芋科在世界泛熱帶地區，大多在美洲。該科有30多個屬，葉紋的變化多端。它的生長方式跟觀音蓮類似，都是只有地下根莖，園藝種多數是直立的莖幹，且根系較淺而廣，少數品種植株高會會超過兩公尺。它們在原生地都是群聚於陰暗的屏蔽處，相較天南星科更能容忍較低的光線。除了葉子的花紋華麗多變，這個家族有一個最大的特點，就是在它的葉子跟葉柄交接處有一個名為葉枕的器官。葉枕本身有儲水的細胞，在白天因為陽光蒸散作用旺盛而攤平進而讓葉子受光更多、到了晚上則是充水後挺立，學術上稱之為睡眠運動（sleep movement）這種行為在小豆樹、酢漿草等上都可以見到。也因為跟水分有關，有時候可以用這樣的狀態去評斷它是否缺水或是根系出了問題，甚至在陽光過強、蒸散作用過度的時候它們也會將葉子捲起，是互動性非常強烈的植物種類。

竹芋科還有一個好處是無毒屬性，對於有寵物或嬰孩的非常友善。然而諸多好處下也有一個養殖上的門檻，首先就是它們偏好潮濕涼爽的環境，幾乎都要有60%或更高的濕度環境，否則容易焦邊，在市場上被釋出販售的季節多是初春或秋末，夏季普遍因為太熱而生長不好，而冬季在北部也會因為過於寒冷不適合販售，只有少數品種具備能忍受低於60%的濕度以及寒冷。再來就是對介質跟水很敏感，如果使用到椰塊／椰纖等介質，務必需要清洗乾淨，若是殘留鹽分會導致衰弱。至於水質，竹芋普遍來自熱帶低地雨林，適應於弱酸的水質，若是地區水偏硬（鹼性）則不適合拿來灌溉。在養殖前需要評估是否具備相應的養殖環境，不然可能會變成需要因應季節常態更換的植物。

Calathea burle-marxii

[鳳眉竹芋]

檔案背景：原生地為熱帶巴西，葉片革質而且偏厚實，單片葉長不太會超過13公分，屬於中小型盆栽植物。葉背是深紫紅色，葉面則是灰綠色底襯著深綠色像是咖啡上的牛奶拉花紋路。整體顏色明快，非常討喜。另外，鳳眉竹芋也會開花，但花朵很小，夾在葉片之間不是非常顯眼。

養護方式：鳳眉竹芋的理想生長溫度在18到28℃間。但它能承受10℃以上的低溫也可以耐32℃的高溫（不過長期過熱要考量到通風）。濕度上除非長期低於50%，不然很少會因為短暫乾燥而焦邊，高濕度可以促進葉片生長甚至讓葉片變更大。跟其他竹芋一樣它不需要太強的光源，室內植物燈照可以滿足它的需求。在室內環境中使用的介質需要略帶疏水，土壤比例大概一半，另一半混合疏水的顆粒物（珍珠石或蛭石）即可。鳳眉竹芋是肖竹芋屬中相對耐性好的品種之一，非常推薦想養竹芋的新手嘗試。

其他補充：鳳眉竹芋在夏季容易因為室內不通風而且盆內潮濕而感染真菌病害，如果發現有出現葉面有黃斑輪點或是大面積的水浸點狀就要留心了。在不健康的狀態下，它的新葉子會縮小並且紋路越來越不明顯，建議立即拿到通風處並且停止高頻率的澆水。狀況若沒有改善可以調製波爾多液來阻斷真菌發展。

Calathea orbifolia

[青蘋果竹芋]

檔案背景：原產於熱帶美洲，青蘋果竹芋算是該科屬比較大型的品種。近乎圓形的葉子直徑可長到30公分寬，使單株大小寬度可以達到一公尺左右。新葉是青翠的蘋果綠，隨著成熟轉為正綠，與葉面上美麗而均勻排列的淺銀色條紋形成強烈對比，青蘋果竹芋給人的視覺是非常雅緻而美麗的。讓多數人無法抗拒而購買，熟不知它可是竹芋屬中極看重環境的品種之一。

養護方式：理想生長溫度在18到25℃間。非常不耐直晒以及悶熱的環境，也很忌諱被強風吹，不管是冷風還是熱浪，都會造成它葉子不挺立並且葉緣乾枯。對濕度的要求幾乎不能低70%，不然也會葉緣乾枯……這使得多數人在養殖時常常需要修剪乾枯的葉緣，但當修剪完需留意不要讓傷口沾染到水或是感染源，否則只會更加惡化焦邊問題。青蘋果竹芋對土壤的需求與其他竹芋一樣，要有部分排水介質但同時要能保水。土壤比例大概一半，另一半混合疏水的顆粒物（珍珠石或蛭石）即可。

其他補充：竹芋因為葉片的生長方式不像火鶴（大概只會有1～5片），而是由很多葉片簇擁而成，當處於夏季的冷氣房內時，即使使用加濕機在旁邊增加濕度也很難覆蓋到全部範圍，與其用機器輔助，或是在旁邊放許多植物製造環境濕度……都比不上戶外由地面泥土自然蒸發的水氣，那樣的環境濕度更符合原生地的狀態，是它們真正需要的。能成功養殖的環境幾乎都是居住於靠山區，或長年濕度足夠的低樓層，而位於高樓層的陽臺空間還有公寓的純室內環境都不適合它。

Goeppertia kegeljanii

[馬賽克竹芋]

檔案背景：起源於巴西，原被歸類在肖竹芋屬（*Calathea*），但近年改被歸於 *Goeppertia*（重新處理後的學名為 *Goeppertia kegeljanii*），但中文暫且還是用馬賽克竹芋稱呼。馬賽克竹芋屬於中型植栽，很少會遇到整盆寬超過50公分的。它的葉子形狀常常是帶有一點內彎角度的，並非是平整的葉緣。相比其他屬內其它種類，在花紋表現上相當細緻特別，底色是正綠色，質地略帶亮面，同時還有深綠縱橫交錯、排列不一的紋理。撫摸那些紋理會發現這些線條並非只有顏色的不同，而是有凹凸起伏的手感，令人印象非常深刻。

養護方式：馬賽克竹芋相較其他竹芋科生長速度比較慢，光線上它們喜歡散射光，可接受燈養環境，但是日照時間足夠能讓它們的葉紋對比更加鮮明美麗。它們喜歡18～25℃之間的溫度，所以在台灣北部多只有春、秋時節會萌發新葉，過冷（低於15℃）或是過熱（高於30℃）的溫度都會導致它停止生長。而熱浪或寒流也會導致葉子枯萎或變成褐色。好消息是它們最低可接受的濕度範圍在50%左右，不像青蘋果竹芋那樣非要到70%以上。它們對土壤的需求與其他竹芋一樣，要有部分排水介質但同時要能保水。土壤比例大概一半，另一半混合疏水的顆粒物（珍珠石或蛭石）即可。

其他補充：當生長條件不理想，馬賽克竹芋的邊緣捲葉情況會加重，葉尖會呈棕色或在夜晚時葉片始終下垂（夜晚睡眠運動照理來說是會直立的）。而且在幼年時期的馬色克竹芋其實紋路不是太明顯，要讓葉子變大，濕度還是需要提升到70～80%間，才會在尺寸上有明顯的躍升。

03

Begonia

春季最豐富｜秋海棠屬

秋海棠屬分布遍及世界泛熱帶地區，為一個擁有巨大多樣性的屬。進入人類的栽培歷史悠久，在葉形、葉色斑紋以及植株形態的表現歧異度非常高，光是園藝交種就高達一萬種以上，而且至今數量仍然在增長中。近十年來，在東南亞國家通過大量植物獵人輸出，使得許多美麗且無名的原生種類，出現在國際貿易市場上，儘管許多時候，我們未必能知道學名，但這並不影響在選購前用外型參考它是否合適養在室內。秋海棠屬一般分為三種生長形態：球根型、根莖型跟直立莖型。一般來說，市場上的球根秋海棠是屬於觀花的品種，為了能持續開花，它所需的光照時間較長，適合拿去做戶外溫室栽培，而非養在室內。而根莖型具有明顯的匍匐生長性，直立莖型顧名思義就是會挺直向上或傾斜生長，莖節明顯，這兩種類型的秋海棠通常較能耐陰，是室內可考慮栽種的品種。

然而，不管是何種生長形態的秋海棠，它們有不少是來自冷涼濕潤的山地霧林，或陰涼的雨林底層，除了不能被夏天的太陽直射外還喜好涼爽，生長適溫於16～25℃之間，有的甚至對空氣溼度有非常嚴格的要求，例如黑武士秋海棠（*Begonia darthvaderiana*）只接受溼度高達90%的瓶／水缸養環境。就因為它們能承受的擺盪區間很小，使得在氣候炎熱，四季分明的地區不易長期栽培，一般環境下，許多國外種類在台灣只有春天才能維持健康的狀態。但也不要因此放棄嘗試這個科屬的植物，臺灣也有自己的原生秋海棠，可以安全的度夏以及過冬，而且在中低海拔潮濕的山壁上很容易見到它們的蹤跡，目前已知的有18個物種（含天然雜交種）；而全球統計本屬的種類已超過兩千種，同時數量仍隨著新種的發表持續增加當中。

Begonia maculata

[星點秋海棠]

檔案背景：在一八二〇年根據來自巴西的標本發表的物種。而後在亞熱帶和熱帶地區成為室內植物常見的一員，屬於直立型的秋海棠，在不修剪的狀況下植株高可達80公分到1.5公尺，單片葉子最長可達20公分。葉色成對生長，葉面散布許多白色斑點，與深綠色葉面以及暗紅色的底面形成鮮明對比。從春初到秋季到冬末，它會開出淡粉色的花，與鮮黃的蕊部對比搶眼。

養護方式：星點秋海棠不喜歡過於極端的溫度變化。它喜歡溫暖的環境，一旦溫度低於15℃，就會產生寒害。理想的生長溫度在18到30℃之間。在秋海棠中也算是對濕度忍受力不錯的種類，只要不要低於45%的濕度，都沒甚麼問題。對於光線需求不會太高，一般燈養即可，不過夏季的室內特別容易因為環境悶熱與過度澆水而產生根腐病，掌握土乾澆水確保通風是養殖重點。星點秋海棠的介質要有部分排水功能但同時要具備保水。土壤比例大概一半，另一半則混合疏水的顆粒物（珍珠石或蛭石）即可。

其他補充：星點秋海棠在不修剪的狀況之下，高度很容易超過一公尺。而且因為莖條非常筆直，自然分支較少，隨著植株長大很容易變成只剩頂端有葉子，底下空空如也。如果想讓秋海棠看起來更豐滿、更濃密，就必須適度修剪它。去除帶莖節的頂芽可以在下側產生更多的分支。剪下來的枝條也可以再拿去做扦插繁殖（請參考無性繁殖——扦插P.110）。修剪並繁殖的最佳時間是春季，其次是秋天時節。

Begonia U557

[陽傘秋海棠]

檔案背景：該品種在市場上以富壽秋海棠以及納圖那秋海棠兩個中文名稱流通，然而實際上並非這兩個中名所指涉的物種，本種目前仍然無名，在歐美以美國秋海棠協會的U557之編號流通，而筆者在本書籍以陽傘秋海棠稱之。在文獻記載中，最初收集於菲律賓市場上，但實際來源已不可考；該種類的葉形近乎圓型，葉子尺寸適中，最大達18～20公分，株高則是約40～50公分。葉色翠綠並略帶緞面光澤，葉片質地厚實並有著凹凸感的泡泡紋肌理。屬於根莖型，可以看到有匍匐莖在土面生長，但沒有強烈的攀爬性，很適合在室內培養。

養護方式：生長適溫於15～30℃之間，是能熬過台灣夏季炎熱的秋海棠品種，在陰涼的室內幾乎不太需要太費心，燈養完全可以適應，冬季10℃以下才需要收入室內。唯一需要留意的就是環境不能太過悶熱，介質要保持疏水。參考與之相似品種的岩生方式，使用泥炭土混和仙人掌介質各半是不錯的選擇。

其他補充：欲繁殖時可以直接從帶葉的匍匐莖任一段剪下，但最好在春初或秋末，不然天氣太熱可能會導致細菌感染，剪下後帶傷口晾乾便可用水苔混珍珠石做包覆來繁殖。如果擔心日後水苔不好處理，也可以用純珍珠石做發根介質，不過要注意介質需常保潮濕。

Begonia formosana

[水鴨腳秋海棠]

檔案背景：是北台灣最常見的原生秋海棠。常見於台灣中北部中、低海拔的山區林下潮濕地帶，某些葉面具漂亮銀斑的個體已進入人工栽培，春季或秋季可以在市場上購得。水鴨腳秋海棠的葉形歪斜，邊緣呈現不規則的鋸齒，形似水鴨腳掌。生長習性是帶有匍匐性的根狀莖，葉柄纖長使得株高可以高達60～70公分，單葉最長約25公分。葉色是翠綠底色，某些個體葉面有銀白色密集的點狀凸紋。春季到夏季間是它容易開花的季節，即使養在室內光線不如戶外也可以開花，花色上從米白、淡粉到正粉色都有。

養護方式：像大多數秋海棠一樣，水鴨腳秋海棠喜歡潮濕、排水良好、肥沃的土壤，保濕不積水，環境不要太悶熱，調配上使用泥炭土混和仙人掌介質，比例各半是不錯的選擇。它本身耐陰，室內可以燈養。濕度的要求也不是太嚴苛，只要超過40%的濕度就沒甚麼大礙。水鴨腳秋海棠是少數對氣候耐性強的原生種，它本身耐霜凍與高溫，即使歷經10℃以下的寒流也不會立即死亡，頂多就是葉子提早汰換而已，天氣回暖後又能馬上生長起來。也因此在學界是被評估為擁有優良育種潛力的品種，尤其是溫帶國家對於這個品種給予高度的讚賞，未來有機會能從它的基因中創造出新的、更耐寒耐熱易於養殖的園藝交種。

其他補充：水鴨腳秋海棠在春夏間長勢極猛，帶有匍匐性的根狀莖很容易就長出盆外。所以時不時需要將它修剪繁殖，可直接從帶葉的匍匐莖任一段剪下，除了夏季容易因天氣太熱而引發細菌感染外，其他季節都可以執行。剪下後帶傷口晾乾便可用水苔混珍珠石做包覆來繁殖，如果擔心日後水苔不好處理，也可以用純珍珠石做發根介質，不過要注意介質需常保潮濕。

04

Your mini garden

小空間植物

當擺放空間有限或居住於需要植栽具易攜帶性的短租環境時，在選擇植栽品種時，相比使用蔓綠絨屬那樣動輒寬幅就超過一公尺的吃空間怪獸、或是樹型灌木時不時需要挪移到戶外空間的植栽，更應該要挑選生長曲線較緩、並能適應於室內植物燈下的品種。如此一來，即便是書案或是辦公桌的一隅也能打造出令人愉快的迷你花園。本節會依照環境條件的嚴格到簡單分別介紹三款小空間植栽，可依經驗來做選擇。

Aglaonema pictum var. tricolor

[迷彩粗肋草]

檔案背景：天南星科（*Araceae*）底下的粗肋草屬（*Aglaonema*），原產於印尼蘇門答臘島海拔1,000至2,000公尺的火山斜坡上，但也在低山地帶及印度洋上的安達曼群島被記錄到。普遍而言，迷彩粗肋草的葉子上會有三種不同的顏色：深綠色、亮綠色和銀灰色，「迷彩」之名因此而來。迷彩粗肋草有著厚實而直立的莖幹，不修剪的狀態下大概可以達到60公分，但是它的生長速度不快，亦不容易因追光而歪斜主莖，對於小空間來說是個不錯的植物。迷彩粗肋草的個體多樣，在玩家間不斷做交種培育，如今的個體在顏色跟葉形有著非常豐富的變化，色彩可達到五色漸層，且葉子的寬窄也不一，葉長10～20公分，寬1.5～8公分（甚至以上）都有。

養護方式：雖然源於赤道地帶，多生長在高地，喜歡的溫度範圍在18～30℃間。早年台灣是由水族業者進口迷彩粗肋草，不難推斷它們就是需要高空氣濕度。尤其是有些不流通於市面的特殊個體，需要在養殖的時候不斷觀察調整，可能會需要給予冷涼並且空氣濕度高於65%的環境；但市面常見被拿來做組培的個體，就是屬低地

個體，較好栽培。粗肋草本身對光的需求不高，在室內只需要植物燈輔助即可。它所生長的環境具有排水良好的特性，過度保濕的土壤容易讓它爛根，務必給予潮濕但不淤積的介質。可以使用珍珠石、小樹皮、仙人掌介質及赤玉土做混和，或者用水族專用的黑土與仙人掌介質各半調配。此外，它在成株後非常容易開花，但是開花過程會消耗過多的養分導致落葉。建議用乾淨的剪刀，在花苞完全從葉鞘長出、但還未綻放時剪去。

其他補充：迷彩粗肋草分枝並不茂密，尤其當主莖幹越來越高，而下側因葉子老化汰換而顯得空空如也。這時候就需要用到水苔加上珍珠石來包覆主莖，以高壓扦插法（請參考無性繁殖——扦插P.110）來縮短莖節的高度。這個動作在春天回暖後執行會比較理想，因為冬天在18℃下時，它的生長速度會變得比較慢，可能要花二到三個月才能引出完整的根系，但在溫暖的環境中往往只要四到六週。

迷彩粗肋草的個體斑紋差異多變，
斑紋層次跟葉形都是它價格有所差
異的原因。

photo by Muv

幼體的迷彩粗肋草斑紋不明顯，穩根的狀態下在養到植
株開花前都還有變化的空間（至少要半年到一年後才會
看得出來）。

photo by Yuty

Pilea peperomioides

[鏡面草]

檔案背景：冷水花屬（*Pilea*）的鏡面草源生於中國大陸的貴州省、雲南省等地，生長於海拔1,500到3,000公尺的山地，多生於森林中的石壁或岩石上。一九四〇年由一位挪威傳教士從中國帶了枝條回北歐後，便在斯堪的納維亞半島區大受歡迎，並傳播於全世界，成為了現今常見的室內盆栽植物。鏡面草在幼期長的不算太快，直到主莖開始粗壯後生長速度才會稍加明顯。它的新葉是從主莖頂端長出，並由細長，富有彈性的葉柄托住圓盾形的翠綠葉子。鏡面草每年平均只長高5～10公分，整株寬幅最多就是50公分左右，屬於良好的小空間植物。

養護方式：鏡面草的理想生長溫度在15～30℃間，在養殖過程要避免大幅的溫度波動。它能承受15～10℃的寒流，但再更低溫就需要拿進室內避寒。另外它不屬於赤道區的雨林植物，高於30℃的環境也會使它適應不良落葉。在台灣的夏季室內並不太好養鏡面草，需要適時的降溫並且空氣流通（就是開冷氣給它吹的意思）。尤其在介質方面，因為夏季氣候熱而且濕悶，如果用過於保水的介質會導致爛根。請注意它的原生地是在中高海拔的石壁上，在不通風的室內環境更要給予排水好的介質，純仙人掌介質是不錯的選擇。在光線上，鏡面草並非像秋海棠那樣耐陰，雖然可以在植物燈光線下生長，但若放在半遮的陽臺或是通風的窗邊將會更好。尤其在適合它生長的溫度區間，適度的光線以及濕度（50%以上）能讓它的葉片變大且更加平整厚實。另外，主莖幹容易因追光而彎曲，如果光線並非頂光，要想維持筆直的主莖就需要每隔兩週旋轉一下盆子的方向。

其他補充：鏡面草有另一個非常受歡迎的原因，就是它非常容易生出側芽。繁殖上很簡單，只要將與母株的連結處剪斷後，種回母珠，而子株丟進純水中水耕，不出兩週就可以看到明顯發根，屆時再將子株換進一般介質即可。

鳥嘴虎尾蘭*Sanseveria rorida*為小型的
虎尾蘭，莫蘭迪深綠還有褐色鑲邊是很
適合放在書案上欣賞。

Mini Snake Plant

[小型虎尾蘭]

夏季植物介紹的章節有介紹到一些虎尾蘭，一般品種的體積在正常環境下往往可以長高到50～100公分。然而品種豐富的虎尾蘭還有另一群屬於小型的迷你品種，可以種植於2～3.5吋盆中，非常適合放在桌案或是書架陳板上。除了承襲虎尾蘭在室內容易養殖的特點外，它們的生長速度緩慢，而且有些在長到某一個大小後就不再變大，只會長出側芽，分株後的成活率也非常高。比起帶刺的仙人掌更適合用來送人，是很好的友誼植物。

埃及豔后虎尾蘭*Sansevieria* `Cleopatra'，中型虎尾蘭品種，但在室內生長速度緩慢，蓮座狀形態的生長非常精巧。

銀虎虎尾蘭*Sansevieria kirkii* 'Silver Blue'，中小型虎尾蘭品種，在室內生長速度緩慢，葉肉肥厚且葉子底色偏淺並帶有深色虎紋。

入春後是竹芋的盛產期，它的顏色選擇豐富，花紋精緻帶有古典的氛圍，
在挑選盆器時可以朝帶有復古設計細節的方向去搭配。

竹芋的生長方式為簇生，市售的多為短葉柄的品種。較適合
放於低於水平視角的位子，並用矮凳或陳架做出高低層次。

YOUR URBAN
JUNGLE INTERIOR

WONDER
PLANTS

春季時期各類植物的生長狀態都非常好，在搭配上也是一年中選擇性最多的時候。不過還是要考量到接下來即將要進入夏季，像是秋海棠這一類比較怕夏天悶熱的品種，就不宜一次購買太多，而小品的虎尾蘭是所有季節都合適的。

photo by Yuty's Dad

致　謝

THANK YOU

　　首要感謝三采文化出版社所有參與這本書的人，使這本書得以問世。尤其是編輯玫禎，在過程中所有貼心而且及時的協商，對於細項堅持的重視令我非常感動。

　　本書的皮相，要感謝全程參與的熱血攝影師Christ，在聽聞我為期半年的荒唐拍攝計畫後，依舊義不容辭地答應這個計畫。有了他的加入，才讓畫面有更深層次的風貌。另一位重要的人則是被我在網路平台發現的寶藏插畫師玫卉。謝謝她自在又舒暢的筆觸讓這本書更加輕快，每一季的主題在畫筆的詮釋下，顯得繽紛時髦。

　　其實非植物本科的我在學習上有兩個很重要的領門人，一個是宅栽的Allen還有觀葉版的版主植子，剛養植物的時候他們都為我解答了許多疑問，而且不光是回覆我，他們倆從2018開始就不遺於力的推廣「有植物的生活」概念，在群眾傳播上成效卓越，是我的榜樣，我非常感念他們在事業上給予的指導建議以及幫助。

　　不過我一個興趣者的零碎知識要能有系統並且正確的寫入書中，最要大力感謝的就是審定──林哲緯老師。不光是對知識的科普，在語彙上他也給予諸多睿智的見解，使書稿更加連貫、觀念也不至於出格。謝謝他不吝分享他的文字還有學識，能邀請他來加入本書是我莫大的榮幸。

　　謝謝植物為我帶來的友誼，黑青設計的陳普、植生研究所的JC，有你們慷慨的支持讓書完善不少。還有那些讓我唐突拜訪的園子主人們、素未謀面但在平台上有過對話的大家，這些看似瑣碎的交流過程其實都是我的靈感，是寫這本書的最大動力。

　　謝謝母親的關愛與智慧、還有父親的幽默相伴，是我一路來重要的堅強後盾，是最棒的父母。還有伴侶Justin，是他在過程不斷給予支持與砥礪，也因為他的愛也才有這一切的起心動念。

　　謝謝植物，打開了我的五感、教會了我更重視自身以及所處的環境。因此，我將會把個人一部分的版稅捐給綠色和平組織（Greenpeace），我想這是回報所有感謝最好的歸處。

國家圖書館出版品預行編目資料

綠境：以四季為起點的觀葉養護日常 / Yuty 一初版 .--
臺北市：三采文化，2022.6
面；公分 .—(Beauté：09)
ISBN 978-957-658-822-8(精裝)

1.CST: 園藝學 2.CST: 栽培 3.CST: 觀葉植物
4.CST: 家庭佈置

435.11   111005129

suncolor
三采文化集團

Beauté 09

綠境
以四季為起點的觀葉養護日常

作者 · 攝影｜黃郁婷 Yuty　　攝影｜Christ　　審定｜林哲緯
編輯一部 總編輯｜郭玫禎
美術主編｜藍秀婷　　封面設計｜Yuty、池婉珊　　內頁排版｜陳佩娟　　內頁插畫｜陳玟卉
行銷部協理｜張育珊　　行銷企劃副理｜周傳雅　　行銷企劃主任｜呂秝萱

發行人｜張輝明　　總編輯長｜曾雅青　　發行所｜三采文化股份有限公司
地址｜台北市內湖區瑞光路 513 巷 33 號 8 樓
傳訊｜ TEL:8797-1234　FAX:8797-1688　　網址｜ www.suncolor.com.tw
郵政劃撥｜帳號：14319060　戶名：三采文化股份有限公司
初版發行｜2022 年 6 月 2 日　定價｜NT $ 1200
4 刷｜2022 年 7 月 15 日